Paulina Głowala

Mikrostruktury polimerowe

Paulina Głowala

Mikrostruktury polimerowe

Fotopolimeryzacja w układzie pirol/bromoform

Wydawnictwo Bezkresy Wiedzy

Cover image: www.ingimage.com

Publisher:
Wydawnictwo Bezkresy Wiedzy
is a trademark of
Dodo Books Indian Ocean Ltd. and OmniScriptum S.R.L publishing group

120 High Road, East Finchley, London, N2 9ED, United Kingdom
Str. Armeneasca 28/1, office 1, Chisinau MD-2012, Republic of Moldova, Europe
Managing Directors: Ieva Konstantinova, Victoria Ursu
info@omniscriptum.com

Printed at: see last page
ISBN: 978-3-639-89059-4

SPIS TREŚCI

'There's Plenty Room at the Bottom'
Richard P. Feynman

Celem pracy było otrzymanie i określenie struktury produktów polimeryzacji fotochemicznej pirolu w bromoformie z udziałem nanocząstek. Przedstawiono dwie metody syntezy, wykorzystujące emulsję woda w oleju oraz bromoformową zawiesinę nanocząstek.

Praca została podzielona na dwie części: literaturową i eksperymentalną.
W pierwszym rozdziale części literaturowej została omówiona charakterystyka polimerów przewodzących, ze szczególnym uwzględnieniem polipirolu. W rozdziale drugim zawarto przegląd metod otrzymywania polimerów przewodzących. Trzeci rozdział opisuje polimeryzację templatową. Czwarty rozdział to prezentacja zastosowań nano- i mikrostruktur z polimerów przewodzących, głównie kapsułek i struktur typu core-shell.
W części eksperymentalnej przedstawiono opis wykonanych doświadczeń. W rozdziale pierwszym i drugim omówiono polimeryzację fotochemiczną. Rozdział trzeci zawiera opis syntezy (fotopolimeryzacja w emulsji woda/olej) jak również omówienie wyników przeprowadzonych pomiarów. W rozdziale czwartym przedstawiona została synteza polipirolu w bromoformowej zawiesinie nanocząstek oraz opracowanie wyników przeprowadzonych pomiarów. Piąty rozdział zawiera podsumowanie wyników doświadczeń.
Ostatnia część, bibliografia, przedstawia spis pozycji literaturowych, które były cytowane w pracy.

I CZĘŚĆ LITERATUROWA

I.1 Charakterystyka polimerów przewodzących

Polimery przewodzące to organiczne związki makrocząsteczkowe. Cechą charakterystyczną ich budowy jest układ sprzężonych wiązań podwójnych, który występuje wzdłuż łańcucha głównego makromolekuły. Drugą cechą polimeru zapewniającą mu przewodnictwo jest domieszkowanie, typu *n* (redukcja) lub typu *p* (utlenianie). Domieszkowanie to zaburzenie struktury, umożliwiające transport ładunku w polu elektrycznym. Dzięki domieszkowaniu polimery zwiększają przewodnictwo o kilka rzędów wielkości. Polimerami przewodzącymi są m.in.: polianilina, poliacetylen, polipirol, politiofen oraz ich pochodne [1].

Pierwszy polimer przewodzący zsyntetyzowano już w XIX wieku. W roku 1834 F. Runge otrzymał polianilinę w postaci niebieskiego osadu. W roku 1958 G. Natta zsyntetyzował poliacetylen w postaci czarnego proszku. Polipirol otrzymany został po raz pierwszy w 1963 roku przez R.L. Weissa. Przełom w badaniach polimerów przewodzących nastąpił w 1977 roku, gdy H. Shirakawa, A.G. MacDiarmid i A.J. Heeger uzyskali 10^9-krotny wzrost przewodnictwa poliacetylenu. Wydarzenie to wywołało intensywny rozwój badań nad różnorodnymi polimerami przewodzącymi. W 2000 roku H. Shirakawa, A.G. MacDiarmid i A.J. Heeger zostali uhonorowani Nagrodą Nobla z dziedziny chemii [2].

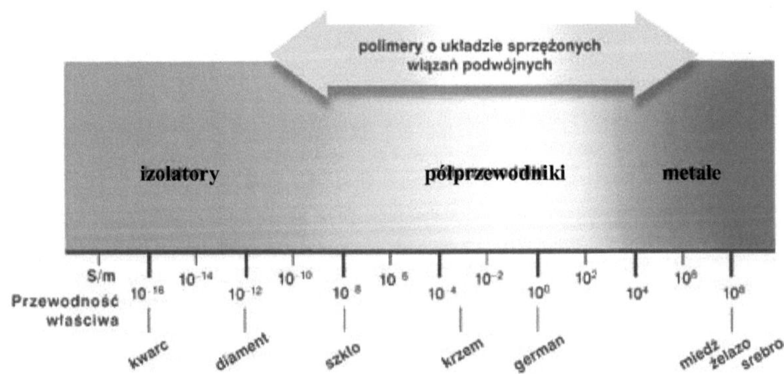

Rysunek 1. Przewodność właściwa materiałów [3].

Polimery przewodzące wykazują przewodnictwo elektryczne porównywalne z metalami oraz posiadają niewielki ciężar właściwy. W związku z tym, zwane są niekiedy syntetycznymi metalami.

W odróżnieniu od metali, których opór właściwy rośnie ze wzrostem temperatury (ruchliwość elektronów zmniejsza się), opór właściwy polimerów przewodzących w wielu przypadkach maleje ze wzrostem temperatury. Kolejną różnicą jest możliwość domieszkowania polimerów, w celu kontrolowanej zmiany ich przewodnictwa nawet o kilkanaście rzędów wielkości, tzn. w zakresie od wartości charakterystycznych dla izolatorów do wartości przypisanych metalom. Z polimerów przewodzących można otrzymać anizotropowe przewodniki, które przewodzą w jednym kierunku o kilka rzędów wielkości lepiej niż w kierunku do niego prostopadłym. Efekt ten jest nieosiągalny dla metali.

Polimery przewodzące wywołują większe zainteresowanie niż metale, ze względu na swoje szczególne właściwości fizykochemiczne. Modyfikując chemicznie polimer lub jego domieszkę, można zmieniać właściwości mechaniczne polimerów przewodzących. Otrzymane tworzywa mogą być elastyczne lub sztywne.

Niektóre polimery półprzewodnikowe (niedomieszkowane) wykazują efekt elektroluminescencyjny, tzn. emitują światło pod wpływem przyłożonego napięcia. Kolor emitowanego promieniowania można zmieniać poprzez chemiczną modyfikację łańcucha polimeru [3].

Polimery przewodzące wykazują niewielką rozpuszczalność w rozpuszczalnikach organicznych. Powoduje to ograniczenia w możliwościach zastosowań. Aby pokonać przeciwności, syntetyzuje się polimery w formie mikro- i nanostruktur. W tym celu reakcje polimeryzacji przeprowadza się w obecności matryc, które determinują kształt i rozmiar struktur polimerowych. Otrzymane produkty w skali nano i mikro często wykazują odmienne właściwości, które pozwalają poszerzyć zakres zastosowań polimerów [2].

I.1.1 Charakterystyka polipirolu

Polipirol jest ważnym polimerem przewodzącym. Charakteryzuje się wysoką trwałością, odpornością na warunki atmosferyczne oraz wysokim przewodnictwem, które występuje w przypadku domieszkowania. Jest trudno rozpuszczalnym polimerem. Polipirol można otrzymać poprzez chemiczną lub elektrochemiczną utleniającą polimeryzację pirolu. Powstaje głównie w postaci czarnego, cienkiego filmu na matrycy lub elektrodzie, jak również w formie bezpostaciowej w roztworze reakcyjnym. W procesie chemicznej polimeryzacji wykorzystuje się utleniacze, np. $FeCl_3$. W procesie elektropolimeryzacji stosuje się najczęściej elektrody z metali inertnych (*Au*, *Pt*) lub tlenków metali (*ITO*). Aby polipirol był przewodzący stosuje się proces domieszkowania, w którym są używane np.: aniony tetrafluoroboranowe, chloranowe (VII), tosylanowe. Podczas procesu elektropolimeryzacji ma miejsce sieciowanie polimeru, przez co polipirol otrzymuje sztywność. Można kontrolować właściwości fizyczne i chemiczne polipirolu, poprzez zastosowanie odpowiedniego przeciwjonu.

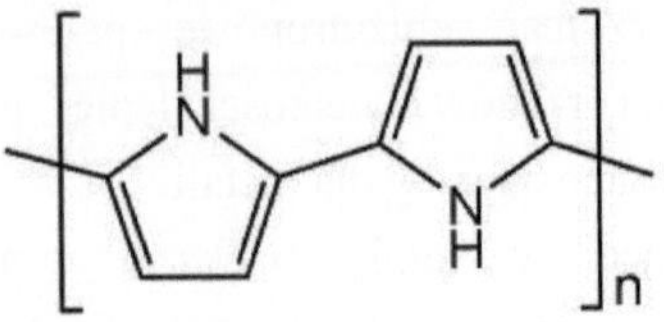

Rysunek 2. Wzór polipirolu [4].

Polipirol stosowany jest do modyfikacji powierzchni różnych materiałów. Służy m.in. do budowy baterii. Polipirol i jego kopolimery znalazły zastosowanie do otrzymywania kompozytów przewodzących (materiały przewodzące powierzchniowo). Polipirol był wykorzystany przy mikrofalowej produkcji wielościennych nanorurek węglowych. Biokompatybilność polipirolu umożliwia jego zastosowanie w różnego typu biosensorach. Prowadzone są badania nad zastosowaniem polipirolu w medycynie, np. do badania stężenia litu we krwi u pacjentów leczonych na chorobę dwubiegunową. Polipirol występuje również w środowisku naturalnym, tworzy z poliacetylenem i polianiliną kopolimer występujący w niektórych melaninach [4].

I.2 Metody otrzymywania polimerów przewodzących

Polimery przewodzące są otrzymywane za pomocą reakcji polimeryzacji. W chemii polimerów, polimeryzacja jest procesem, w którym reagują ze sobą cząsteczki monomeru, tworząc trójwymiarowe sieci lub łańcuchy polimerowe. Istnieje wiele form polimeryzacji i różne systemy ich podziału. Polimery przewodzące mogą być otrzymywane na drodze chemicznej, elektrochemicznej lub fotochemicznej polimeryzacji. Elektropolimeryzacja pozwala kontrolować właściwości polimeru takie jak np.: grubość powstającego materiału, czy stopień utlenienia polimeru. Chemiczna polimeryzacja prowadzi zazwyczaj do otrzymania polimeru o dużym współczynniku polidyspersji oraz produktów ubocznych, efektem czego jest niejednorodność w strukturze polimeru. W wyniku fotopolimeryzacji powstaje bezpostaciowy polimer o niskiej przewodności i słabych właściwościach elektrochemicznych.

I.2.1 Polimeryzacja utleniająca

Polimer przewodzący prąd elektryczny musi posiadać strukturę, która zapewni swobodny przepływ elektronów. Warunek ten jest spełniony przez układ sprzężonych wiązań podwójnych w łańcuchu głównym polimeru. Dzięki takiej strukturze ruchliwość elektronów wewnątrz makrocząsteczki jest duża, co umożliwia proces generowania nośnika ładunku. Reakcja utleniania usuwa część elektronów ze sprzężonego układu wiązań podwójnych, dzięki czemu powstają luki elektronowe tzw. dziury. W ten sposób powstaje przewodnictwo dziurowe (typu *p*). W wyniku reakcji redukcji generowane są elektrony w układzie, polimer wykazuje przewodnictwo elektronowe (typu *n*). Polimery przewodzące niedomieszkowane są półprzewodnikami. Wskutek domieszkowania, przewodnictwo polimeru wzrasta o kilka rzędów wielkości. Zadaniem domieszek jest zachowanie elektroobojętności układu. Domieszkowanie jest niezbędne, aby polimer przewodzący stał się nośnikiem ładunków [4].

Polimery przewodzące otrzymywane są w wyniku polimeryzacji utleniającej, która wykorzystuje przewodnictwo dziurowe. Polimeryzacja utleniająca, na przykładzie otrzymywania polipirolu, została zilustrowana na rysunku 3. W cząsteczce pirolu zachodzi oderwanie jednego elektronu i utworzenie kationorodnika, który łączy się z kolejnym kationorodnikiem tworząc 2,2'-bipirol. Proces ten jest powtarzany w celu utworzenia dłuższego łańcucha [5].

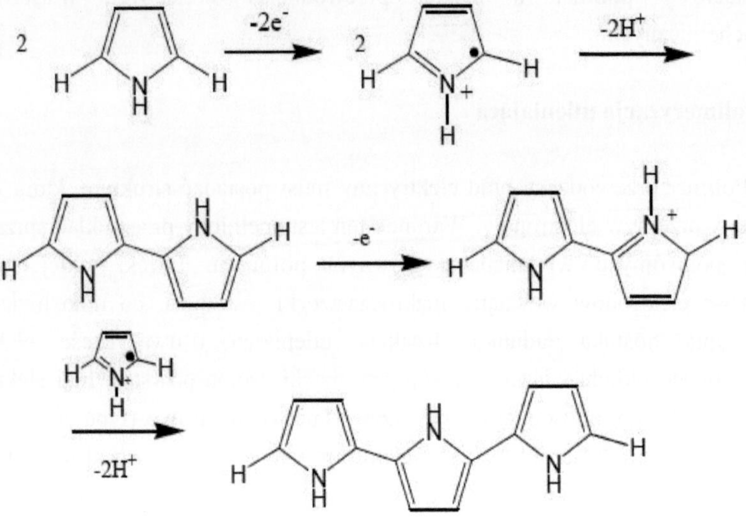

Rysunek 3. Polimeryzacja utleniająca pirolu [5].

Ostateczną formą polipirolu jest długi, sprzężony łańcuch (Rys. 4). Polimer posiada struktury rezonansowe, w postaci aromatycznej lub chinoidowej. W tym neutralnym stanie polimer nie jest przewodzący. Uzyskuje przewodnictwo w wyniku reakcji utleniania. Ładunek formy utlenionej jest zazwyczaj zdelokalizowany na kilka pirolowych jednostek i może utworzyć kationorodnik (polaron) lub dikation (bipolaron). Fizycznie polipirol przyjmuje strukturę bezpostaciową w wyniku chemicznej polimeryzacji i strukturę nierozpuszczalnego filmu z elektropolimeryzacji.

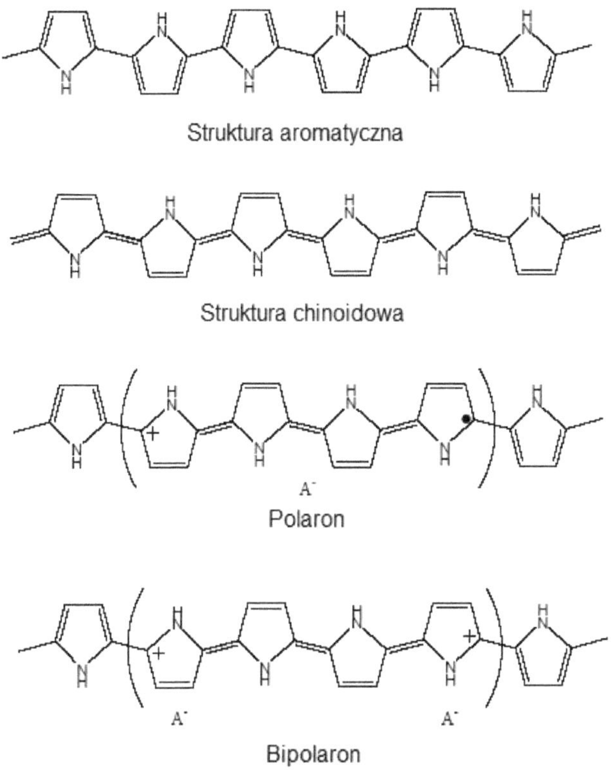

Struktura aromatyczna

Struktura chinoidowa

A⁻

Polaron

A⁻ A⁻

Bipolaron

Rysunek 4. Struktury chemiczne polipirolu. Obojętne formy: aromatyczna i chinoidowa. Utlenione formy: polaron i bipolaron [5].

I.2.1.1 Elektrochemiczna polimeryzacja

Elektrochemiczna polimeryzacja utleniająca służy do otrzymania polimerów przewodzących. Reakcja ta polega na rozpuszczeniu monomeru w rozpuszczalniku zawierającym aniony domieszki, po czym następuje utlenianie pod wpływem przyłożonego potencjału anodowego. Powstaje polimer, który osadza się na elektrodzie w postaci filmu.

Polimeryzacja przebiega w trzech etapach: inicjacji, propagacji i terminacji. Proces zostanie omówiony na przykładzie elektropolimeryzacji pirolu (Rys. 5). W etapie inicjacji monomer ulega utlenianiu elektrochemicznemu, powstaje kationorodnik, który w przypadku pirolu posiada trzy formy rezonansowe (Rys. 5a). Etap propagacji to tworzenie łańcucha. Mechanizm wzrostu łańcucha polega na łączeniu kationorodnika z drugim kationorodnikiem (Rys. 5b). Powstaje dimer obdarzony dwoma ładunkami dodatnimi. Następuje odłączenie dwóch protonów, tworzy się neutralny dimer. Proces powtarza się na zasadzie: dimer zostaje utleniony do kationorodnika i łączy się z kationorodnikiem monomeru, tworząc dwudodatni oligomer, który odłącza dwa protony. Mechanizm powtarza się, powstaje oligomer. Ze wzrostem łańcucha oligomer pirolu staje się nierozpuszczalny i osadza się na elektrodzie (anoda), gdzie może dalej przebiegać proces wzrostu łańcucha lub zachodzić proces terminacji. Trzeci i ostatni etap polimeryzacji ma miejsce, gdy nie ma już monomerów do dalszego utleniania lub zaszły reakcje uboczne, które zakończyły łańcuch polimerowy. Przykładem jest reakcja z wodą, która kończy proces polimeryzacji, poprzez utworzenie podwójnego wiązania węgiel-tlen. Terminacja zachodzi również w momencie, gdy oligomer staje się niereaktywny lub dalszy wzrost jest niemożliwy z powodów sterycznych [6].

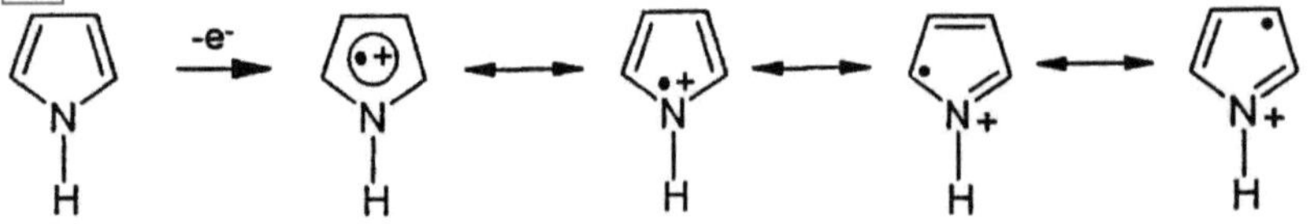

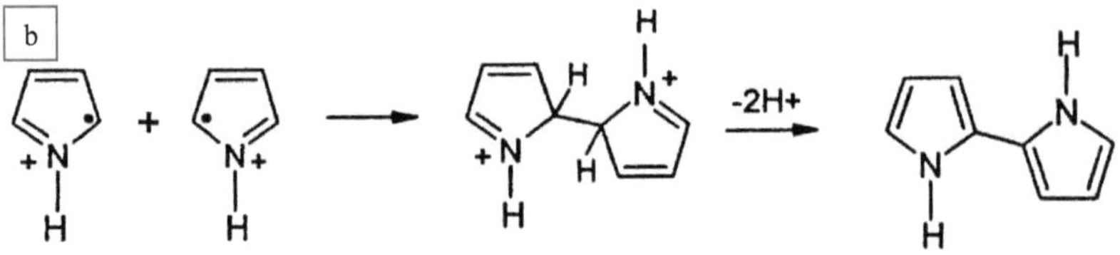

Rysunek 5. Mechanizm elektropolimeryzacji pirolu [1].

Elektropolimeryzacja zachodzi na anodzie. Ważne jest użycie elektrody o wysokim potencjale utleniania, aby nie uległa oksydacji w trakcie procesu. Rozpuszczalniki odpowiednie do elektrochemicznej polimeryzacji powinny charakteryzować się niską zasadowością (mała wartość liczby donorowej), co sprzyja powstawaniu polimeru o wyższym przewodnictwie. Proces elektropolimeryzacji pirolu zależy również od wartości pH. Spadek wartości pH powoduje wzrost ilości wytwarzanego polimeru. Prowadzenie reakcji przy pH poniżej 3 prowadzi do wzrostu przewodnictwa oraz odporności mechanicznej polipirolu. Rodzaj i stężenie użytego elektrolitu również ma znaczenie. Im wyższe stężenie, tym większe przewodnictwo polimeru i jego odporność mechaniczna. Najczęściej stosowanym elektrolitem dla polipirolu są aniony: tetrafluoroboranowe (BF_4^-), chloranowe VII (ClO_4^-), tosylanowe (TsO^-).

Do elektropolimeryzacji pirolu może być zastosowana metoda potencjostatyczna, galwanostatyczna lub woltamperometria cykliczna. Metoda potencjostatyczna i woltamperometria cykliczna prowadzą do otrzymania jednorodnego filmu polipirolu o takiej samej jakości. Galwanostatyczna metoda jest używana do kontrolowania grubości powstającego filmu polipirolowego, jakość polimeru jest słabsza niż w innych metodach [5].

Zaletą stosowania metody elektrochemicznej polimeryzacji jest możliwość dokładnego kontrolowania warunków reakcji, co przekłada się na właściwości fizykochemiczne oraz strukturę polimeru. Niedogodnością procesu elektropolimeryzacji jest mała ilość otrzymywanego polimeru przewodzącego.

I.2.1.2 Chemiczna polimeryzacja

Polimery przewodzące można otrzymać w wyniku chemicznej polimeryzacji. Proces przebiega poprzez utlenianie monomeru przy pomocy utleniacza. Mechanizm jest podobny do omówionego w punkcie I.2.1.1. Powstaje polimer przewodzący (forma utleniona), a utleniacz stanowi domieszkę polimeru [5].

Przykładem polimeru, który można otrzymać w wyniku chemicznej polimeryzacji, jest polipirol. Rolę utleniacza pełni najczęściej chlorek żelaza III. Rezultat reakcji zależy od użytego rozpuszczalnika. W omawianej metodzie stosuje się np.: chloroform, metanol, acetonitryl lub wodę. W przypadku stosowania metanolu, otrzymuje się polimery o najwyższym przewodnictwie, jak i również o zadowalającej morfologii [4]. Schemat reakcji polimeryzacji pirolu w metanolu przedstawia rysunek 6.

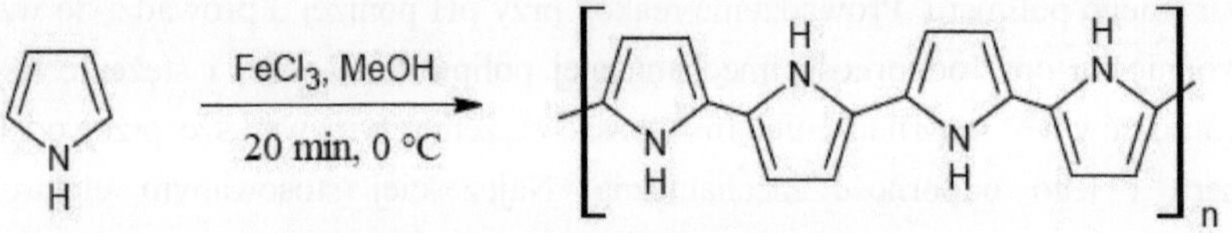

Rysunek 6. Chemiczna polimeryzacja pirolu [4].

Chemiczną polimeryzację z użyciem chlorku żelaza III można wykorzystać do otrzymania polianiliny. Reakcja przebiega w środowisku kwaśnym. Temperatura, w której prowadzony jest proces, wpływa na jego wydajność. Najlepsze rezultaty otrzymywane są w temperaturze 35°C [7]. Schemat polimeryzacji utleniającej aniliny przedstawia rysunek 7.

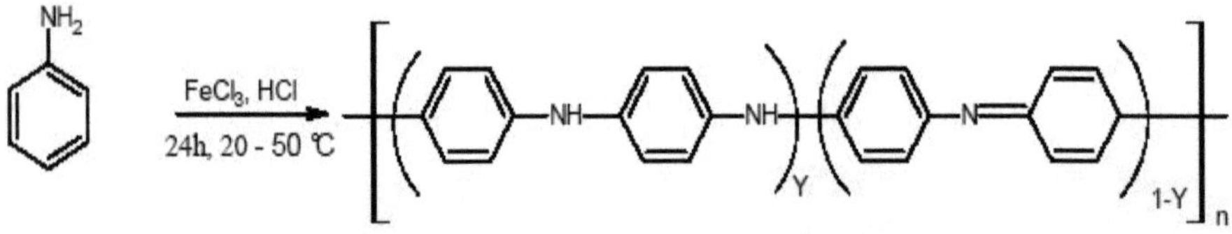

Rysunek 7. Chemiczna polimeryzacja aniliny [4].

I.2.2 Polimeryzacja fotochemiczna

Kolejną metodą otrzymywania polimerów przewodzących jest polimeryzacja fotochemiczna. Reakcja polimeryzacji zachodzi pod wpływem działania promieniowania elektromagnetycznego na układ reakcyjny, który składa się z monomeru i inicjatora. Promieniowanie elektromagnetyczne prowadzi do inicjowania reakcji chemicznej i jest jej ''siłą napędową''. Polimeryzacja fotochemiczna przebiega z udziałem wolnych rodników. Otrzymany polimer jest obojętny. Poprzez fotodomieszkowanie pojawiają się fragmenty z ładunkiem dodatnim i ładunkiem ujemnym, lecz polimer jako całość pozostaje obojętny. Fotowzbudzenie przenosi elektron z poziomu HOMO (najwyższy obsadzony orbital molekularny, ang. *Highest Occupied Molecular Orbital*) na poziom LUMO (najniższy nieobsadzony orbital molekularny, ang. *Lowest Unoccupied Molecular Orbital*), następuje separacja ładunków. W ten sposób powstają nośniki ładunków i polimer zaczyna przewodzić.

W polimerach z rozseparowanymi ładunkami zachodzi rekombinacja promienista. Ładunki dodatnie i ujemne rekombinują ze sobą, efektem czego jest emisja fali elektromagnetycznej - luminescencja. Świecące półprzewodniki znajdują wiele zastosowań m.in. do budowy diod [1].

I.3 Polimeryzacja templatowa

Polimeryzacja templatowa (szablonowa), zwana również matrycową, może być zdefiniowana jako metoda syntezy polimeru, w której wykorzystywane są specyficzne oddziaływania pomiędzy makromolekułą (matrycą) i rosnącym łańcuchem. Oddziaływania te wpływają na strukturę produktu polimeryzacji (ang. *daughter polymer*) i kinetykę procesu. Termin polimeryzacja templatowa odnosi się do układu, w którym monomer, matryca i produkt reakcji są rozpuszczone w tym samym rozpuszczalniku.

Polimeryzacja templatowa jest istotna w rozwoju materiałów polimerowych, gdyż produkty w skali mikro i nano często wykazują odmienne właściwości, niż makroprodukty. Utworzenie kompleksu polimer-matryca wpływa na zmianę reaktywności i właściwości zarówno polimeru, jak i matrycy [9].

I.3.1 Polimeryzacja wokół cząstek stałych

Polimeryzacja templatowa wykorzystuje matryce, jako podłoże, na którym powstaje polimer przewodzący. Funkcją matrycy jest nadanie kształtu polimerowi, aby nie przyjął formy bezpostaciowej. Powstające produkty mają ściśle określony rozmiar (mikro, nano) i strukturę (rurki, włókna, kapsułki). Istnieje wiele rodzajów matryc. Zazwyczaj wyróżnia się ich podział na matryce twarde (ang. *hard template*) oraz matryce miękkie (ang. *soft template*).

Matryce twarde to matryce będące w stałym stanie skupienia. Wyróżnić można makroskopowe membrany filtracyjne, wykonane z tlenku glinu lub poliwęglanu. Ich budowa charakteryzuje się obecnością cylindrycznych mikro- i nanoporów, w których powstają rurki lub włókna polimerowe. Innym przykładem matryc twardych są różnego rodzaju kryształy soli nieorganicznych, które mają kształt wielościanów lub igieł. Polimer osadza się na powierzchni matrycy i przyjmuje strukturę kapsułek, w formie wielościanów lub rurek.

Na szczególną uwagę zasługują cząstki stałe w roztworze koloidalnym (np.: nanocząstki metali lub tlenków metali, polimery), które wykorzystuje się do otrzymywania mikro- i nanostruktur polimerowych. Stosuje się utleniającą polimeryzację chemiczną, w której roztwór reakcyjny zawiera cząstki stałe, monomer i utleniacz. Polimer osadza się wokół cząstek w postaci cienkiego filmu. Struktury z cienką otoczką polimerową wokół rdzenia nazywane są strukturami core-shell. Często po zakończonym procesie polimeryzacji trzeba usunąć matrycę, aby otrzymać czyste struktury. W przypadku zastosowania membran filtracyjnych usunięcie matrycy jest konieczne. Membrany filtracyjne rozpuszcza się w roztworze alkalicznym (dla tlenku glinu) lub rozpuszczalniku organicznym (dla poliwęglanu), ale niestety prowadzi to do utraty uporządkowania struktur [2].

I.3.2 Polimeryzacja wokół kropli cieczy

Polimery przewodzące otrzymuje się również wykorzystując matryce miękkie. '*Soft template*' to matryce nie będące w stałym stanie skupienia. Należą do nich molekularne struktury asocjacyjne np.: micele, które przyjmują kształt sferyczny lub cylindryczny, oraz struktury przyjmujące formę odwróconej miceli. Polimer akumuluje się wewnątrz miceli, jak również może organizować się wokół otoczki miceli. Charakter miceli, rdzeń hydrofobowy czy hydrofilowy, determinuje kształt struktur polimerowych.

Do matryc miękkich zalicza się również układy koloidalne takie jak mikro- i nanokrople cieczy. Krople otrzymuje się poprzez zmieszanie ze sobą, w odpowiednim stosunku, dwóch niemieszających się cieczy. Gdy mieszaninę poddamy wytrząsaniu, otrzymamy mikrokrople. Natomiast poddając mieszaninę działaniu ultradźwięków, powstają mikro- i nanokrople. Proces polimeryzacji utleniającej zachodzi w emulsji, która zawiera monomer oraz utleniacz. Powstają mikro- lub nanostruktury polimerowe w formie nanocząstek polimerowych lub pustych w środku kapsułek [2].

I.4 Zastosowania mikro- i nanostruktur z polimerów przewodzących

Polimery przewodzące ze względu na swoje fizykochemiczne i mechaniczne właściwości mają wiele zastosowań. Najpopularniejsze obecnie jest wykorzystanie polimerów przewodzących do budowy organicznych diod, polimerowych ogniw słonecznych, a także materiałów ekranujących.

Elektroluminescencja polimerów przewodzących doprowadziła do rozwoju: paneli słonecznych, wzmacniaczy optycznych oraz płaskich wyświetlaczy z organicznymi diodami świecącymi, OLED (ang. *Organic Light-Emitting Diode*). Warstwa organiczna diody OLED może być zbudowana z różnych polimerów np. poli(9,9-dioktylofluorenu) [10].

Ogniwa polimerowe to hybrydowe ogniwa fotowoltaiczne, które konwertują energię słoneczną w elektryczną. Złożone są z polimeru będącego półprzewodnikiem typu *p* oraz z nieorganicznego, stałego związku będącego półprzewodnikiem typu *n*. Dobre efekty uzyskuje się stosując polipirol, polianilinę, politiofen [11].

Polimery przewodzące używane są do budowy baterii i akumulatorów. Elektroda cynkowa pokrywana jest polipirolem, aby zwiększyć jej elektrochemiczną stabilność w alkalicznym ośrodku [12]. Materiał katodowy akumulatorów często stanowi polianilina [13] lub jej kompozyty, np.: z nafionem [14], z tlenkiem tytanu (TiO_2) [15].

Materiały ochraniające przed wyładowywaniami elektrostatycznymi i zakłócające promieniowanie elektromagnetyczne zwane są materiałami ekranującymi. Polimery przewodzące i ich pochodne znalazły zastosowanie jako składniki kompozytów ekranujących. Poli(3-oktylotiofen) wykorzystuje się jako składnik kompozytów ekranujących i jako powłokę tychże kompozytów [16]. Właściwości ekranujące polimerów zależą od rodzaju i poziomu domieszkowania. Polipirol domieszkowany kwasem antrachinono-2-sulfonowym wykazuje lepsze właściwości ekranujące niż polipirol domieszkowany kwasem p-toluenosulfonowym [17]. Materiały ekranujące wykorzystywane są m.in.: w telekomunikacji, systemach sterowania, elektronice samochodowej, medycynie.

Powłoki z polimerów przewodzących charakteryzują się dobrymi właściwościami antystatycznymi oraz przeźroczystością, odpornością na warunki atmosferyczne, a ponadto są nietoksyczne. Doskonałym przykładem materiałów antystatycznych jest polianilina [18].

Polimery przewodzące stosowane są jako powłoki ochronne przed korozją. Polianilina zwiększa odporność metalu na korozję w środowisku kwaśnym. Wykorzystywana jest do pokrywania elementów stalowych, jak i tych wykonanych ze stali węglowej [19]. Poli(3-oktylopirol) i poli(3-metylotiofen) są również stosowane jako powłoki antystatyczne [20].

Polimery przewodzące znajdują zastosowanie jako matryce w konstruowaniu sensorów (czujników), zarówno chemicznych, jak i biochemicznych. Polipirol jest wykorzystywany jako matryca w sensorze do wykrywania glukozy, glutaminianu, atrazyny. Polianilina natomiast w czujniku do wykrywania hemoglobiny, lipidów i glukozy [21]. Przykładem chemicznego sensora jest sensor z matrycą z polianiliny wykrywający amoniak [22]. Polipirol wykorzystywany jest do budowy sensorów do wykrywania ozonu i etanolu [23]. Politiofen natomiast w czujniku do wykrywania ditlenku azotu [24].

Polipirol jest stosowany do budowy jonowymiennych membran, gdzie wykorzystywany jest m.in. do kontrolowanego uwalniania anionów np.: glutaminianowych, żelazocyjankowych [25].

Odkrycie nanorurek węglowych przez S. Iijime w 1991 roku oraz natury polimerów przewodzących spowodowało rozwój badań nad mikro- i nanostrukturami z polimerów przewodzących. Nowe, nanostrukturalne formy polimerów przewodzących dają świeże spojrzenie zwłaszcza w aspekcie zastosowań, ze względu na większą powierzchnię właściwą i lepszą dyspersję nowych struktur.

Zastosowania mikro- i nanostruktur z polimerów przewodzących zostaną omówione ze szczególnym uwzględnieniem kapsułek i struktur typu core-shell.

Struktury z polimerów przewodzących są wykorzystywane do budowy matryc w sensorach. Polipirolowe mikrokontenery i mikrorogi mogą być użyte do budowy czujników elektrochemicznych wykrywających glukozę, nadtlenek wodoru, przy czym lepsze rezultaty otrzymywane są w przypadku mikrorogów. Biosensory wykrywające glukozę mogą być zbudowane również z polianilinowych nanodrutów. Do budowy czujnika H_2O_2 można wykorzystać jako matrycę nanodruty z polianiliny lub materiał kompozytowy składający się z helikalnych nanorurek węglowych wypełnionych nanodrutami z polianiliny. Zastosowanie materiału kompozytowego daje bardziej czuły sensor niż użycie samych nanostrukur polianilinowych [26]. Nanowłókna z polianiliny służą do budowy czujników gazowych, wykrywają: związki kwasowe (HCl), związki zasadowe (NH_3), reduktory (N_2H_4), pary związków organicznych ($CHCl_3$), alkohole (CH_3OH) [27]. Domieszkowane nanowłókna polianilinowe wykorzystywane są w konduktometrycznych czujnikach wodoru działających w temperaturze pokojowej [28]. Zakapsułkowane cząsteczki DNA w nanorurkach polipirolowych tworzą materiał kompozytowy, zwany nanokapsułkami polipirolowymi z DNA. Służy on jako matryca w biosensorach [29].

Polimery przewodzące w formie mikrostruktur mogą posłużyć do budowy elektrod. Mikrokapsułki polipirolowe wypełnione różnymi elektrolitami są stosowane jako materiał do budowy przetworników jonoselektywnych elektrod potencjometrycznych [30].

Polimery przewodzące w formie nanostruktur są ważnym materiałem do konstrukcji superkondensatorów i akumulatorów. Polianilinowe nanodruty są stosowane jako elektrochemiczne kondensatory [26]. Kompozytowe nanodruty o współosiowej budowie, gdzie rdzeń stanowi tlenek manganu IV (MnO_2), a płaszcz poli(3,4-etylenodioksytiofen) (*PEDOT*), mogą być użyte jako doskonały materiał do budowy superkondensatorów. Nanorurki i nanodruty z polianiliny są bardzo dobrym materiałem na elektrodę dodatnią w bateriach litowych. Wysoka energia rozładowania nanorurek i nanodrutów polianilinowych spowodowała, że znalazły również zastosowanie w akumulatorach Li/polianilinowe nanostruktury [31].

Struktury polimerowe mogą być stosowane jako katalizatory. Przykładem są wrzecionowate, puste nanokapsułki z kompozytu, składającego się z polipirolu i nanocząstek platyny. Otrzymany materiał jest nanoszony na szklaną elektrodę węglową (*GCE*), powstaje elektroda elektrokatalitycznego utleniania dinukleotydu nikotynamidoadeninowego, NADH [32].

Struktury typu core-shell odznaczają się swoją charakterystyczną budową. Rdzeń stanowi nanometrowych rozmiarów kulisty materiał, którym zazwyczaj jest: nanocząstka metalu, związek nieorganiczny lub polimer. Rdzeń jest szczelnie pokryty otoczką z polimeru, która ma około kilku nm grubości. Materiał kompozytowy typu core-shell ma wiele zastosowań ze względu na swoje nanometrowe rozmiary. Wykorzystywany jest głównie w biotechnologii i medycynie. Zastosowania struktur core-shell zostaną omówione na przykładzie struktur nanocząstki metali/polimery przewodzące.

Struktury core-shell mają wiele zastosowań w biotechnologii i medycynie. Przykładem jest użycie jako rdzenia magnetycznego Fe_3O_4, a otoczkę stanowi polipirol, który został sfunkcjonalizowany przez kowalencyjne dołączenie dipeptydu (*Gly-Leu*) lub BSA (ang. *Bovine Serum Albumin*, surowicza albumina wołowa). Sfunkcjonalizowane, magnetyczne nanocząstki wykazują superparamagnetyzm w temperaturze pokojowej, cecha ta sprawia, że mogą być zastosowane w biotechnologii i medycynie [33].

Kompozyty nanocząstki metali/polimery przewodzące wykorzystywane są do budowy czujników. Nanocząstki srebra pokryte polipirolem stworzyły struktury core-shell, które pokryto trzema warstwami złota. Tak złożony nanomateriał kompozytowy (*Au/PPy/Ag*) zastosowany został do konstrukcji czujnika dopaminy [34]. Właściwości luminescencyjne nanostruktur AgNPs/PPy core-shell (rdzeń stanowią nanocząstki srebra, a otoczkę polipirol) posłużyły do budowy odwracalnego czujnika pH [35].

Struktury core-shell znajdują zastosowanie również w elektronice. Nanocząstki złota pokryte poliindolem są wykorzystywane do produkcji nanoorganicznych urządzeń elektronicznych [36].

II CZĘŚĆ EKSPERYMENTALNA

Spis użytych odczynników

Bromoform, *Bromoform*, ≥99%, Aldrich.

Pirol, *Pyrrole*, cz. d. a., 98%, Aldrich.

Nanocząstki w roztworze wodnym:

- nanocząstki złota, *(11-Mercaptoundecyl)tetra(ethylene glycol) functionalized gold nanoparticles, 3,5-5,5 nm (TEM), 2% (w/v) in water*, Aldrich;
- nanocząstki srebra, *Silver, dispersion, nanoparticles, 10 nm (TEM), 0,02 mg/ml in aqueous buffer*, Aldrich;
- nanocząstki tlenku żelaza (Fe_2O_3), *Iron(III) oxide, dispersion, nanoparticles, <30 nm average particle size (APS), 20 wt.% in water*, Aldrich.

Nanocząstki w rozpuszczalniku organicznym:

- nanocząstki złota, *Dodecanethiol functionalized gold nanoparticles, 4-6 nm (DLS), 2% in toluene*, Aldrich;
- nanocząstki srebra, *Dodecanethiol functionalized silver nanoparticles, 5-15 nm (DLS), 0,25% (w/v) in hexanes*, Aldrich;
- nanocząstki tlenku żelaza (Fe_3O_4), *Iron oxide(II,III), magnetic nanoparticles, solution, 20 nm average, 5 mg/ml in toluene*, Aldrich.

Heksan, *Hexane anhydrous*, 95%, Aldrich.

Woda, wysokiej czystości, Milli-Q Plus (oporność 18 MΩ).

Stosowana aparatura

Skaningowy mikroskop elektronowy SEM (ang. *Scanning Electron Microscope*), Spektroskopia energii wzbudzanego promieniowania EDS (ang. *Energy-Dispersive X-ray Spectroscopy*), Zeiss Merlin field emission SEM.

Transmisyjny mikroskop elektronowy TEM (ang. *Transmission Electron Microscope*), Zeiss Libra 120 EFTEM.

Spektrometr w podczerwieni z transformacją Fouriera (FTIR), Nicolet 8700, zakres pomiaru 400-4000 cm^{-1}.

Spektrometr Ramana, LabRAM HR (Horiba Jobin Yvon); źródło wzbudzenia: półprzewodnikowy laser LION (Sacher Lasertechnik), pracujący przy 784,7 nm, zakres pomiaru 100-2500 cm^{-1}.

Fluorescencja rentgenowska (XRF), linia ID 18F, Europejskie Centrum Promieniowania Synchrotronowego w Grenoble (Francja); energia wiązki wzbudzającej 14,4 keV.

Spektrometr fotoelektronów (XPS), Microlab 350; źródło wzbudzenia: promieniowanie niemonochromatyczne $Al_{K\alpha}$ (1486,6 eV, 300 W).

Spektrometr UV-Vis, Perkin Elmer Lambda 25.

Lampa rtęciowa, Polamp-5, 80 W.

Zestaw fotochemiczny z układem optycznym, program LunchOmniControl.

Homogenizator ultradźwiękowy, sonikator, 400 W.

Wirówka, Eppendorf MiniSpin na probówki typu Eppendorf o objętości 1,5 ml, prędkość wirowania 13 400 obrotów na minutę.

II.1 Polimeryzacja fotochemiczna

Polipirol otrzymuje się na drodze chemicznej oraz elektrochemicznej polimeryzacji utleniającej pirolu. Może on również powstawać w wyniku procesu fotochemicznego, poprzez naświetlanie światłem ultrafioletowym monomeru w obecności organicznych chlorowcopochodnych. W szczególności naświetlanie pirolu w roztworze bromoformu prowadzi do powstania amorficznego osadu w głębi roztworu oraz wytworzenia się cienkiej warstwy na ściankach naczynia reakcyjnego (np. kuwety kwarcowej). Aby zarejestrować widmo elektronowe tworzącego się produktu przeprowadzono polimeryzację w kwarcowej kuwecie, która zawierała roztwór pirolu w bromoformie o stężeniu 0,55 mol/l. Kuweta naświetlana była lampą rtęciową z jednej strony, aby na wyeksponowanej ściance osadził się cienki film polimeru. Mieszanina poreakcyjna została usunięta, a kuweta pozostawiona do wyschnięcia. Zarejestrowano widmo elektronowe filmu polipirolowego (Rys. 8) w zakresie od 250 nm do 600 nm.

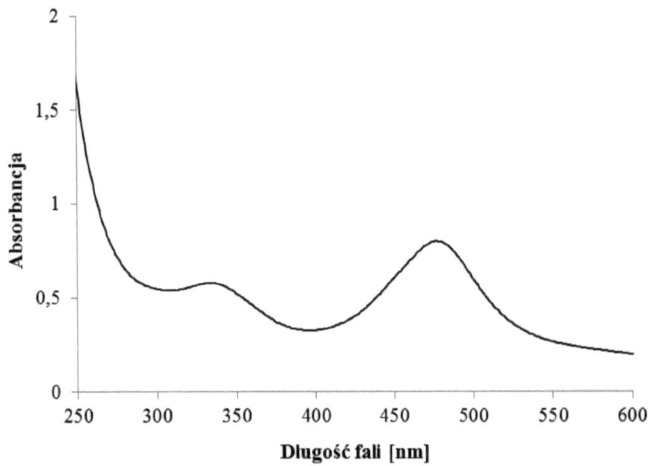

Rysunek 8. Widmo elektronowe filmu polipirolowego osadzonego na płytce kwarcowej [37, przedruk za zgodą Elsevier B.V.].

Widoczne są dwa pasma absorpcji przy 334 oraz 477 nm. Pasmo przy 334 nm można przypisać przyjściu typu $\pi \rightarrow \pi^*$, natomiast pasmo przy 477 nm może być przypisane strukturom polaronowym lub bipolaronowym utworzonym w szkielecie polimeru. W porównaniu z widmem polipirolu otrzymywanym w wyniku chemicznej polimeryzacji utleniającej [38] pasma fotopolimeru przesunięte są w stronę krótszych długości fali. Może to świadczyć o obecności podstawników elektronoakceptorowych w łańcuchu polimeru. Bardziej prawdopodobnym wytłumaczeniem obserwowanego przesunięcia pasm może być różnica w długości łańcucha pomiędzy polipirolem otrzymywanym w wyniku polimeryzacji utleniającej i fotochemicznej Z kolei względnie wysoka intensywność sygnału przy 477 nm w pewnym stopniu sugeruje wysoki poziom domieszkowania polipirolu.

Aby zbadać jaki jest mechanizm fotochemicznej polimeryzacji zarejestrowano widma elektronowe poszczególnych składników mieszaniny reakcyjnej: bromoformu i pirolu.

II.1.1 Zależność efektywności polimeryzacji od długości fali światła

W celu zbadania przy jakiej długości fali najefektywniej zachodzi reakcja fotochemicznej polimeryzacji przeprowadzono naświetlania roztworów pirolu w bromoformie.

Źródło światła stanowiła lampa ksenonowa, wiązka promieniowania przechodziła przez monochromator. Roztwór składał się z 5 ml bromoformu i 200 μl pirolu. Do pomiarów użyto kwarcowych kuwet.

W pierwszej części przeprowadzono trzy naświetlania, kolejno w zakresach: od 250 nm do 400 nm, od 300 nm do 400 nm oraz od 350 nm do 400 nm. Każdy skan odbył się na świeżej próbce roztworu i trwał 20 minut. Wynik naświetlania prezentuje rysunek 9. Najefektywniejsze okazało się skanowanie światłem w zakresie od 350 nm do 400 nm, świadczy o tym największa ilość powstałego osadu polipirolu.

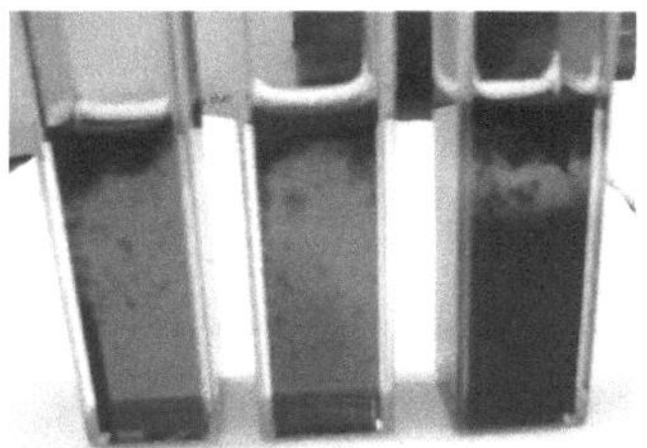

Rysunek 9. Roztwory pirolu w bromoformie naświetlane światłem w zakresie: kuweta po lewej od 250 nm do 400nm, kuweta środkowa od 300 nm do 400 nm, kuweta po prawej od 350 nm do 400 nm.

W drugiej części przeprowadzono trzy pomiary. Roztwór pirolu w bromoformie naświetlany był wiązką światła o długości kolejno: 350, 375 oraz 400 nm. Każdy pomiar trwał 20 minut i był przeprowadzony na świeżej próbce roztworu. Rysunek 10 przedstawia wyniki badania. Największa efektywność polimeryzacji jest dla długości wiązki naświetlającej roztwór monomeru 375 nm. Próbka ta zawiera najwięcej polimerowego osadu.

Rysunek 10. Roztwory pirolu w bromoformie naświetlane światłem o długości: kuweta po lewej 350 nm, kuweta środkowa 375 nm, kuweta po prawej 400 nm.

II.2. Widma elektronowe bromoformu i pirolu

Wyniki poprzedniego rozdziału pokazują, że polimeryzacja pirolu zachodzi pod wpływem światła ultrafioletowego w obecności bromoformu. W celu bliższego zbadania tego procesu zarejestrowano widma elektronowe poszczególnych składników mieszaniny reakcyjnej.

Bromoform rozpuszczono w heksanie, otrzymano roztwór o stężeniu 0,26 mmol/l. Pomiar spektrofotometryczny wykonano w kuwetach kwarcowych w zakresie od 200 nm do 400 nm, odniesienie stanowił heksan. Rysunek 11 przedstawia widmo elektronowe bromoformu. Widoczne jest pasmo o względnie małej absorbancji przy 224 nm, które można przypisać przejściu typu n $\rightarrow \sigma^*$ [39]. Położenie pasma związane jest z obecnością chromoforu węgiel-brom w cząsteczce bromoformu.

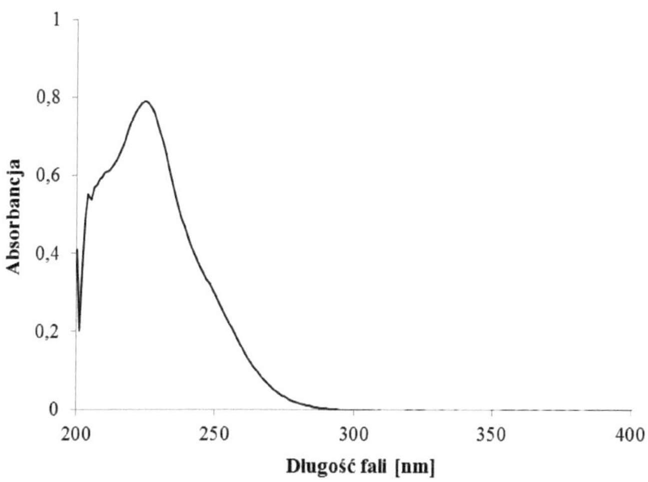

Rysunek 11. Widmo elektronowe bromoformu w heksanie.

Pomiar spektrofotometryczny pirolu w heksanie wykonano w zakresie od 200 nm do 400 nm. Wykorzystano kuwety kwarcowe, odniesieniem był heksan. Stężenie pirolu równe było 0,26 mmol/l. Otrzymane widmo elektronowe przedstawia rysunek 12. Widoczne jest pasmo przy 216 nm, które można przypisać wzbudzeniu typu $\pi \rightarrow \pi^*$, stanowi o symetrii $1A_1$ [40]. Położenie pasma związane jest z obecnością sprzężonego układu wiązań podwójnych w cząsteczce pirolu.

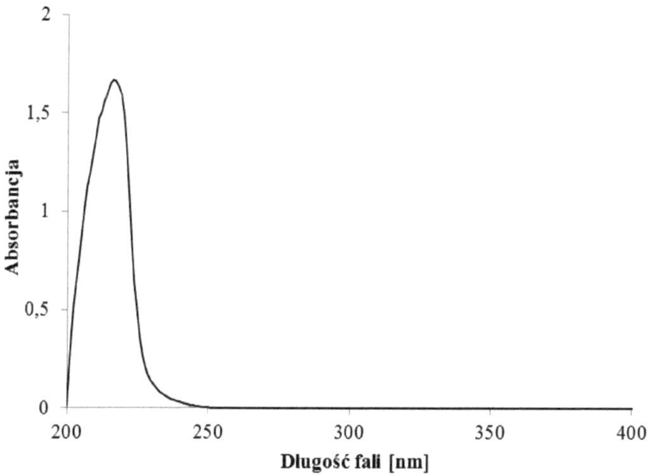

Rysunek 12. Widmo elektronowe pirolu w heksanie.

Otrzymane wyniki są dość zaskakujące. Okazuje się, że fotopolimeryzacja najefektywniej zachodzi przy długości fali 375 nm, a więc przy długości fali znacznie wyższej niż pasma absorpcji zarówno monomeru jak i rozpuszczalnika. Trudno więc w prosty sposób założyć, że pierwszym etapem fotopolimeryzacji jest wzbudzenie elektronowe monomeru lub bromoformu. Z kolei można zauważyć, że długość fali 375 nm jest bliska maksimum pasma absorpcji tworzącego się polimeru. To może sugerować, że w reakcji aktywnie bierze udział polimer lub oligomery. Jeśli tak jest w rzeczywistości, wzbudzenie elektronowe oligomeru (ew. polimeru) powodowałoby przeskok elektronu na cząsteczkę rozpuszczalnika (mechanizm taki potwierdzają wyniki XPS, przedstawione w dalszej części pracy), z utworzeniem reaktywnego kationorodnika. Taki kationorodnik mógłby następnie reagować z monomerami/oligomerami i innymi kationorodnikami, z utworzeniem polimeru. Można przypuszczać, że takie fotoindukowane przeniesienie elektronu zachodzi również dla monomeru, ale efektywność tego procesu jest stosunkowo niska, co może wynikać z mniejszej intensywności światła lampy ksenonowej przy długości fali 216 nm niż przy 375 nm.

II.3 Fotopolimeryzacja w układzie emulsji woda/bromoform

Polimeryzację fotochemiczną pirolu w bromoformie zastosowano następnie do otrzymania kapsułek polimerowych poprzez osadzenie polimeru na powierzchni kropli wody zdyspergowanych w bromoformie.

Do 5 ml bromoformu dodano 25 μl wody i sonikowano przez 30 sekund. Do utworzonej emulsji dodano 200 μl pirolu i wstrząśnięto. Otrzymana mieszanina została przelana do rurki kwarcowej o objętości 1 ml, zabezpieczonej teflonowymi zatyczkami. Rurka obracała się z prędkością 20 obrotów na minutę, aby podczas naświetlania objętość mieszaniny równomiernie została oświetlona. Obracającą się rurkę naświetlano lampą rtęciową przez 5 minut z odległości 15 cm. Po procesie fotopolimeryzacji zawartość rurki przenoszono do probówki typu Eppendorf i odwirowywano brunatny osad kapsułek, supernatant odrzucano. Osad przemywano bromoformem, odwirowywano polimer, odrzucano supernatant. Procedurę przemywania wykonywano trzykrotnie. Otrzymany polipirol poddawano dalszym doświadczeniom.

II.3.1 Osadzanie polimeru wokół kropli wody

Podstawowym podejściem do procedury z punktu II.3 jest użycie jako fazy wodnej czystej wody. W trakcie reakcji polimer osadza się na kropli czystej wody. Powstają kapsułki polipirolowe, nazwane tutaj ''kapsułkami pustymi''.

II.3.1.1 Obrazowanie SEM

Skaningowa mikroskopia elektronowa pozwoliła zbadać morfologię otrzymanego produktu. Obraz SEM (Rys. 13) pokazuje, że osad powstały w wyniku reakcji fotopolimeryzacji zawiera kuliste struktury o rozmiarach submikrometrowych. Średni rozmiar struktur to około 550 nm. Zdjęcie SEM sugeruje, że ulegają one aglomeracji oraz, że obecny jest również bezpostaciowy polipirol.

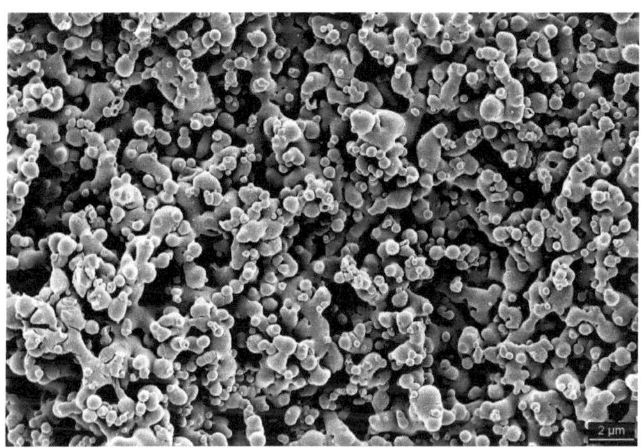

Rysunek 13. Obraz SEM ''kapsułek pustych''.

II.3.1.2 Obrazowanie TEM

Transmisyjna mikroskopia elektronowa pozwoliła zbadać wnętrze struktur polipirolowych, otrzymanych w punkcie II.3.1. Osad polimeru przemywany był wodą, nanoszony na miedzianą siatkę i pozostawiany do wyschnięcia przed pomiarem. Obraz TEM (Rys. 14) potwierdza sferyczną budowę kapsułek. Widoczna jest ściana o grubości około 40 nm oraz puste wnętrze.

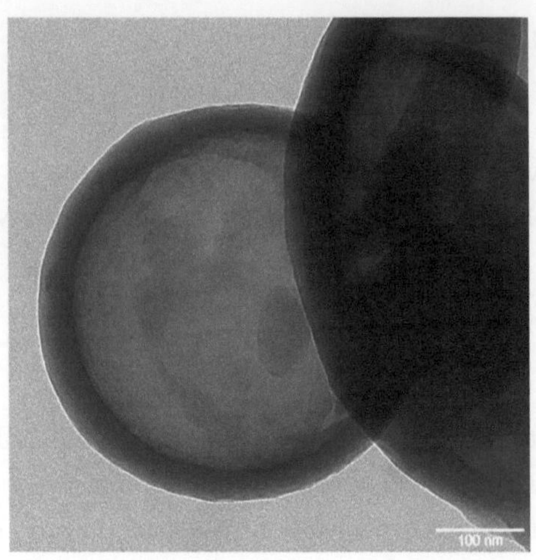

Rysunek 14. Obraz TEM ''kapsułek pustych'' [37, przedruk za zgodą Elsevier B.V.].

II.3.1.3 Spektroskopia w podczerwieni

Spektroskopia w podczerwieni umożliwia określenie struktury produktu z punktu II.3.1. Pomiar próbki wykonano w pastylkach KBr. Rysunek 15 przedstawia widmo FTIR kapsułek polimerowych. Pasma przy 1516 cm^{-1}, 1487 cm^{-1} i 1401 cm^{-1} przypisane są drganiom rozciągającym C=C i C=N w płaszczyźnie pierścienia. Drganie C-N rozciągające w płaszczyźnie widoczne jest przy 1295 cm^{-1}. Drganie zginające C-H w płaszczyźnie obserwowane jest przy 1050 cm^{-1}. Pasmo przy 1193 cm^{-1} odpowiada drganiu oddychającemu pierścienia pirolowego. Pasma przy 792 cm^{-1} oraz 739 cm^{-1} przypisane są drganiu C-H poza płaszczyznę. Silne, szerokie pasmo przy 3154 cm^{-1} odpowiada drganiu rozciągającemu N-H w pirolu (wiązania wodorowe w polipirolu poszerzają sygnał). Silne pasmo przy 1699 cm^{-1} można przypisać pokrywającym się drganiom: rozciągającemu C=C oraz rozciągającemu C=O w alfa, beta-nienasyconych aldehydach. Drgania rozciągające C-Br pojawiają się zwykle w rejonie 690-515 cm^{-1}. Zatem silne pasmo przy 666 cm^{-1} może pochodzić od tego typu drgań lub może odpowiadać drganiom CO_2, a jego obecność może świadczyć o nieprawidłowej korekcie atmosferycznej widma.

Spektroskopia w podczerwieni w dobrym stopniu charakteryzuje strukturę polipirolu w kapsułkach. Widoczne są pasma przypisywane polipirolowi oraz pasma świadczące o obecności wiązań węgiel-brom, które pochodzą od produktów dekompozycji bromoformu. Struktury te prawdopodobnie wbudowały się w szkielet polipirolu lub pozostały niewymyte z osadu polimeru.

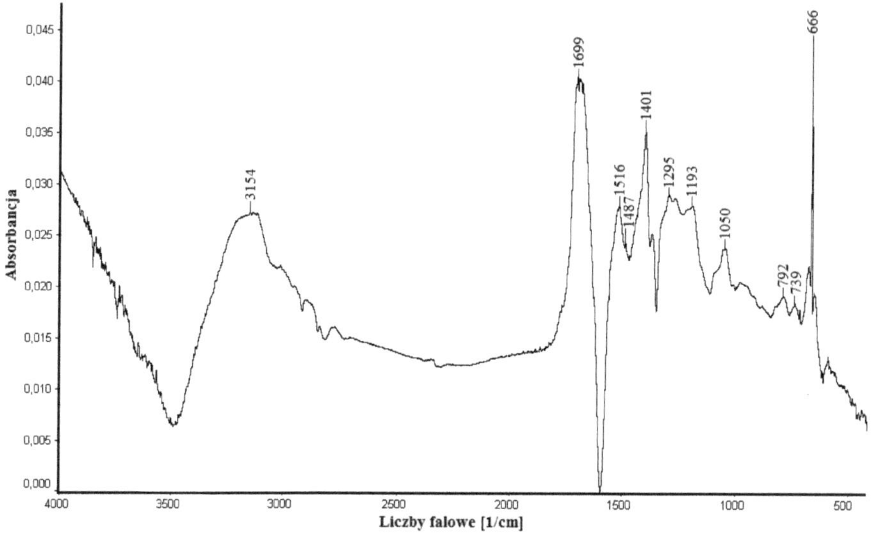

Rysunek 15. Widmo FTIR ''kapsułek pustych''.

II.3.1.4 Spektroskopia Ramana

Pomiar widma Ramana ''kapsułek pustych'' przeprowadzono w standardowych warunkach pomiaru dla polipirolu w celu uzupełnienia charakterystyki struktur polimeru. Otrzymano wynik (Rys. 16), który przedstawia jedynie szerokie tło i brak jakichkolwiek pasm. Jaka jest przyczyna braku sygnałów polipirolu nie jest jasne. Widocznie polipirol uzyskany fotochemicznie różni się od otrzymanego w wyniku polimeryzacji chemicznej i to jest przyczyną zbyt niskiej intensywności pasm ramanowskich.

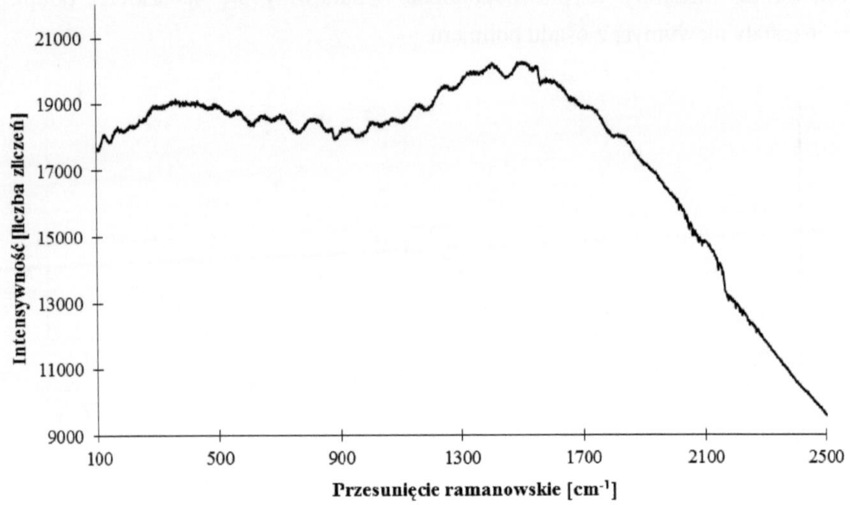

Rysunek 16. Widmo Ramana ''kapsułek pustych'' [37, przedruk za zgodą Elsevier B.V.].

II.3.1.5 Spektroskopia fotoelektronów w zakresie promieniowania rentgenowskiego

Badanie składu chemicznego ''pustych kapsułek'' polipirolowych przeprowadzono również przy pomocy rentgenowskiej spektrometrii fotoelektronów (XPS). Próbka zawiera sygnały pochodzące od węgla, azotu oraz bromu. Obecność tlenu i krzemu wynika prawdopodobnie z zastosowania podłoża kwarcowego. Sygnał od tlenu można powiązać z grupami hydroksylowymi lub karbonylowymi w polipirolu.

Widmo analizujące linię spektralną bromu (*Br3d*) przedstawia rysunek 17. Numeryczne rozłożenie sygnału na składowe pokazuje obecność dwóch dubletów spin-orbita, $Br3d_{5/2}$ oraz $Br3d_{3/2}$. Sygnały $Br3d_{5/2}$ widoczne są przy 69,7 eV i 67,7 eV. Pik przy niższej energii wiązania można przypisać anionowi bromkowemu (Br^-) inkorporowanemu w polimerze jako jon domieszkujący. Z kolei sygnał o wyższej energii można przypisać atomom bromu kowalencyjnie związanym z polimerem. Obecność jonów bromkowych potwierdza wnioski z analizy widma elektronowego polipirolu (II.1), sugerujących, że polimer jest dość silnie zdomieszkowany.

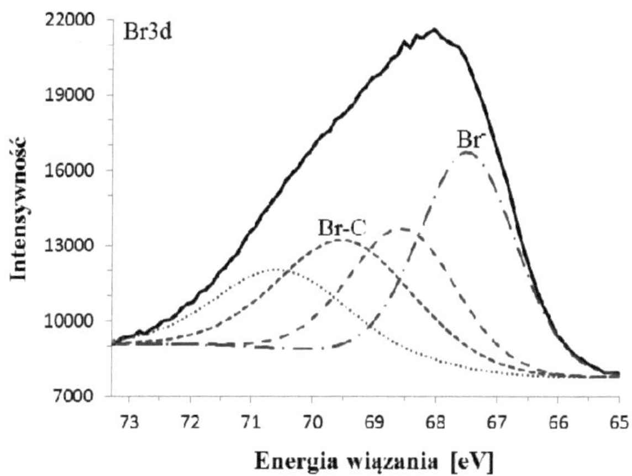

Rysunek 17. Widmo XPS ''pustych kapsułek'' polipirolowych dla sygnału Br3d [37, przedruk za zgodą Elsevier B.V.].

Analizę linii spektralnej azotu (*N1s*) przedstawia rysunek 18. Widoczne są trzy składowe, kolejno przy 400,3; 402,0 i 403,5 eV. Pik o najwyższej intensywności (400,3 eV) jest wynikiem obecności ugrupowania -NH-. Element przy 402,0 eV odpowiada strukturze -N$^+$H-. Pochodzenie piku przy 403,5 eV nie jest jasne, może być on związany z ugrupowaniem nitrowym (*N-O*) lub azydkowym (N_3^-). Z pomiarów wyznaczono procent atomowy azotu w formie -N$^+$H- do całkowitej ilości azotu w próbce. Jest on równy ok. 30,2%. Świadczy to o tym, że stopień domieszkowania polipirolu równy jest ok. 30%.

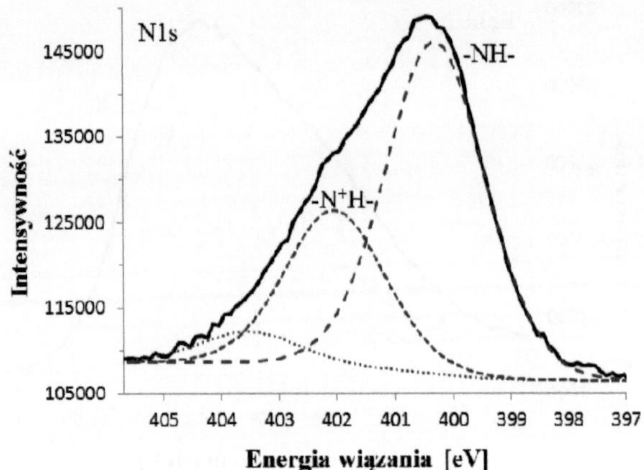

Rysunek 18. Widmo XPS "pustych kapsułek" polipirolowych dla sygnału N1s [37, przedruk za zgodą Elsevier B.V.].

Widmo powłoki rdzeniowej 1s węgla (Rys. 19) przedstawia trzy maksima: 285,0; 286,9 oraz 288,7 eV. Przypisane są odpowiednio do ugrupowań: C-C/C-H; C-O oraz C=O. Stosunek atomowy węgla do azotu obliczony na podstawie pomiaru XPS równa się 10,05 i jest wyższy od obliczonego ze struktury polipirolu ($(C_4H_3N)_n$), który równy jest 8,82. Wyższa zawartość węgla może pochodzić od zanieczyszczeń na powierzchni próbki lub związków wbudowanych w polipirol, pochodzących z rozkładu bromoformu podczas fotopolimeryzacji.

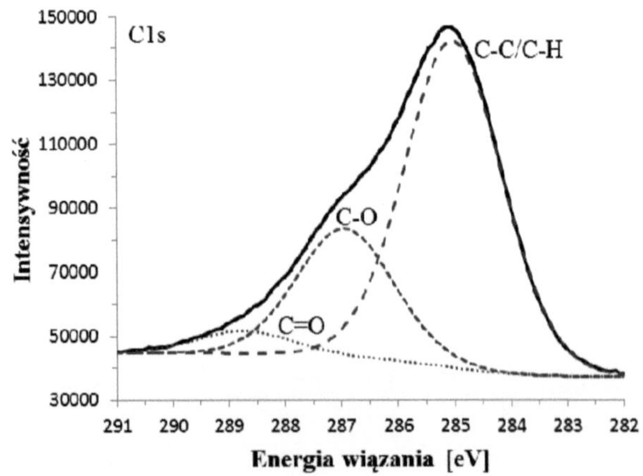

Rysunek 19. Widmo XPS "pustych kapsułek" polipirolowych dla sygnału C1s [37, przedruk za zgodą Elsevier B.V.].

II.3.2 Osadzanie polimeru wokół kropli wody zawierających nanocząstki złota

Jedną z głównych zalet kapsułek polimerowych jest możliwość zamknięcia w nich różnego rodzaju indywiduów, np. cząsteczek chemicznych bądź cząstek koloidalnych. Jest to niezwykle ważne ze względu na możliwe zastosowania wypełnionych kapsułek, m.in.: w medycynie i analizie chemicznej. Otrzymanie kapsułek wypełnionych związkiem chemicznym lub cząstkami koloidalnymi polega na wykorzystaniu roztworu tego związku (koloidu) do utworzenia kropli, a następnie osadzeniu na ich powierzchni polimeru. Otrzymywanie wypełnionych struktur polimerowych zademonstrowano na przykładzie kapsułek z zamkniętymi nanocząstkami złota.

II.3.2.1 Obrazowanie SEM

Otrzymane kapsułki wypełnione nanocząstkami złota badano metodą skaningowej mikroskopii elektronowej. Obraz SEM (Rys. 20) pokazuje, że osad powstały w wyniku reakcji fotopolimeryzacji zawiera kuliste struktury o rozmiarach submikrometrowych. Średni rozmiar kapsułek to około 100 nm. Średnice mieszczą się w zakresie 50-150 nm. Kapsułki ulegają aglomeracji.

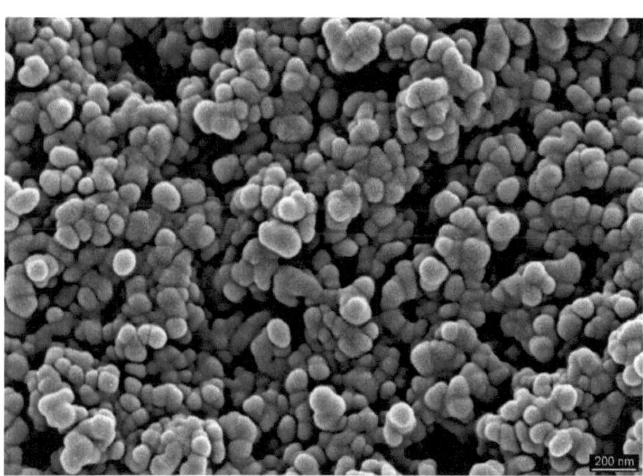

Rysunek 20. Obraz SEM kapsułek z nanocząstkami złota.

II.3.2.2 Obrazowanie TEM

Transmisyjna mikroskopia elektronowa pozwoliła zbadać wnętrze struktur polipirolowych, otrzymanych w punkcie II.3.2. Obraz TEM (Rys. 21) potwierdza sferyczną budowę kapsułek. Grubość ściany to około 55 nm. Widoczne małe, ciemne kropki to nanocząstki złota, które wypełniają wnętrze kapsułki oraz są wbudowane w polipirolową ścianę. Nanocząstki złota obecne są w polimerowych strukturach, nie występują poza kapsułką. Średnica kapsułki przedstawionej na rysunku 21 to 300 nm. Jak widać, niektóre kapsułki z nanocząstkami złota osiągają również rozmiary większe niż podane w punkcie II.3.2.1.

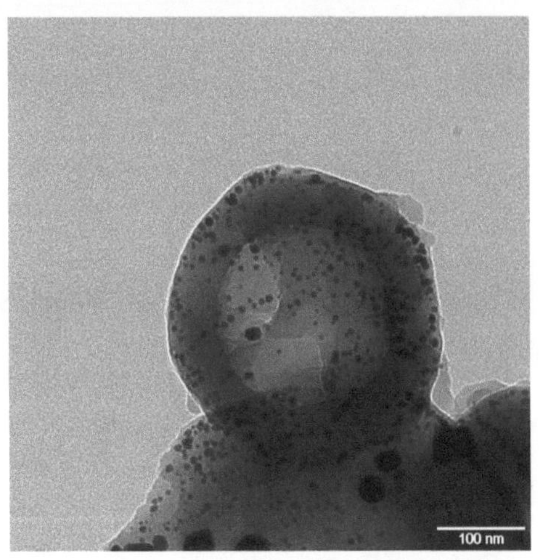

Rysunek 21. Obraz TEM kapsułek z nanocząstkami złota [37, przedruk za zgodą Elsevier B.V.].

II.3.2.3 Spektroskopia w podczerwieni

Spektroskopia w podczerwieni umożliwia określenie struktury produktu z punktu II.3.2. Pomiar próbki wykonano w pastylkach KBr. Rysunek 22 przedstawia widmo FTIR kapsułek polimerowych z nanocząstkami złota. Silne, szerokie pasmo przy 3154 cm^{-1} odpowiada drganiu rozciągającemu N-H w pirolu (wiązania wodorowe w polipirolu poszerzają sygnał). Pasma przy 1528 cm^{-1}, 1487 cm^{-1} i 1401 cm^{-1} przypisane są drganiom rozciągającym C=C i C=N w płaszczyźnie pierścienia. Drganie C-N rozciągające w płaszczyźnie widoczne jest przy 1295 cm^{-1}. Drganie zginające C-H w płaszczyźnie obserwowane jest przy 1046 cm^{-1}. Pasmo przy 1189 cm^{-1} odpowiada drganiu oddychającemu pierścienia pirolowego. Pasma przy 792 cm^{-1} oraz 739 cm^{-1} przypisane są drganiu C-H poza płaszczyznę. Pasmo przy 1704 cm^{-1} można przypisać drganiu rozciągającemu C=O w alfa, beta--nienasyconych aldehydach. Drganie rozciągające C-Br widoczne jest przy 670 cm^{-1} lub też pasmo odpowiada drganiom CO_2, może to świadczyć o nieprawidłowej korekcie atmosferycznej widma.

Widmo FTIR kapsułek z nanocząstkami złota zawiera sygnały od polipirolu. Obecność pasma pochodzącego od drgania węgiel-brom świadczy o wbudowaniu się w szkielet polimeru produktów dekompozycji bromoformu. Prawdopodobnie drganie przy 1704 cm^{-1} związane jest z obecnością grup karbonylowych w polipirolu.

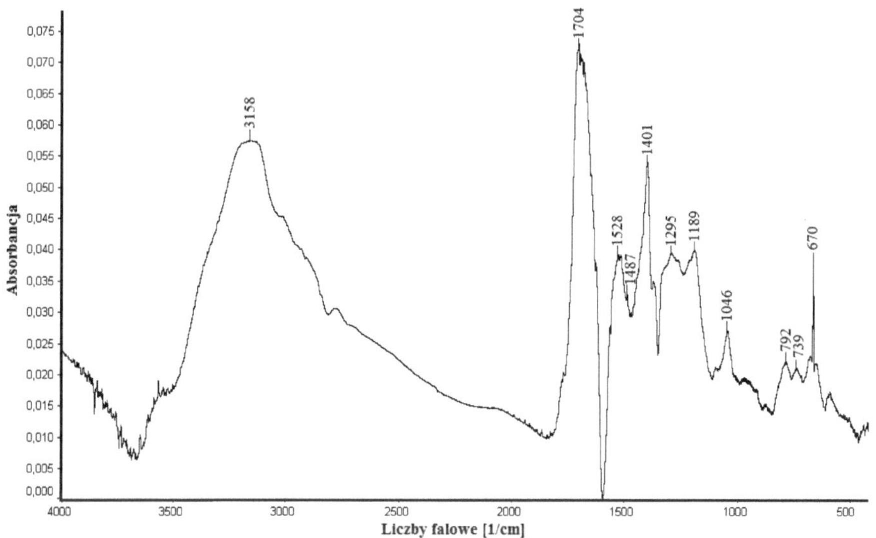

Rysunek 22. Widmo FTIR kapsułek z nanocząstkami złota.

II.3.2.4 Spektroskopia Ramana

Przeprowadzono pomiar widma Ramana kapsułek z nanocząstkami złota. Otrzymano widmo (Rys. 23), które zawiera typowe sygnały charakterystyczne dla polipirolu. Pasma przy 1596 cm^{-1}, 1376 cm^{-1} i 1243 cm^{-1} przypisane są drganiom: rozciągającemu C=C w pierścieniu pirolowym; antysymetrycznemu, rozciągającemu C-N oraz zginającemu, antysymetrycznemu C-H w płaszczyźnie. Małe pasmo szkieletowe widoczne jest przy 1490 cm^{-1}. Pasma przy 938 cm^{-1} i 1088 cm^{-1} przypisane są strukturze bipolaronu, odpowiednio drganiu odkształcającemu pierścień pirolu oraz symetrycznemu drganiu zginającemu C-H w płaszczyźnie. Strukturze polaronu odpowiada pasmo przy 1049 cm^{-1} przypisane symetrycznemu drganiu zginającemu C-H w płaszczyźnie pierścienia. Niewidoczne jest natomiast pasmo przy 968 cm^{-1} odpowiadające strukturze polaronu, pochodzące od odkształceń pierścienia.

Struktury polipirolowe w kapsułkach z nanocząstkami złota dają dobre widmo Ramana dzięki zjawisku SERS (ang. *Surface Enhanced Raman Spectroscopy*). Wzmocnienie sygnałów nastąpiło wskutek obecności nanocząstek złota, które stanowiły swego rodzaju podłoże dla polimeru. Natomiast widmo Ramana ''kapsułek pustych'' przedstawione w punkcie II.3.1.4 nie zawiera jakichkolwiek pasm charakterystycznych dla polipirolu. Widoczne jest jedynie szerokie tło.

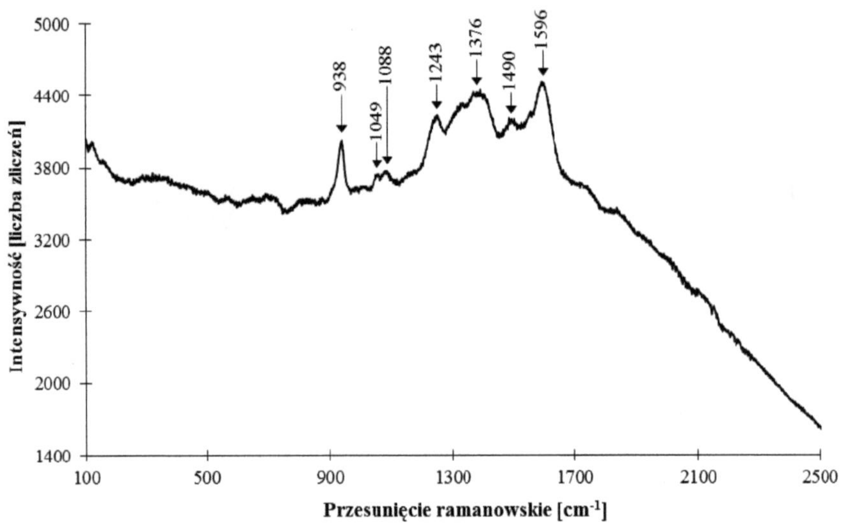

Rysunek 23. Widmo Ramana kapsułek z nanocząstkami złota [37, przedruk za zgodą Elsevier B.V.].

II.3.2.5 Spektroskopia fotoelektronów w zakresie promieniowania rentgenowskiego

Badanie składu chemicznego kapsułek polipirolowych z nanocząstkami złota przeprowadzono przy pomocy rentgenowskiej spektrometrii fotoelektronów (XPS). Wyniki pomiaru potwierdzają obecność węgla, azotu i bromu w próbce, jak również tlenu oraz krzemu, których sygnały pochodzą od podłoża kwarcowego (Rys. 24).

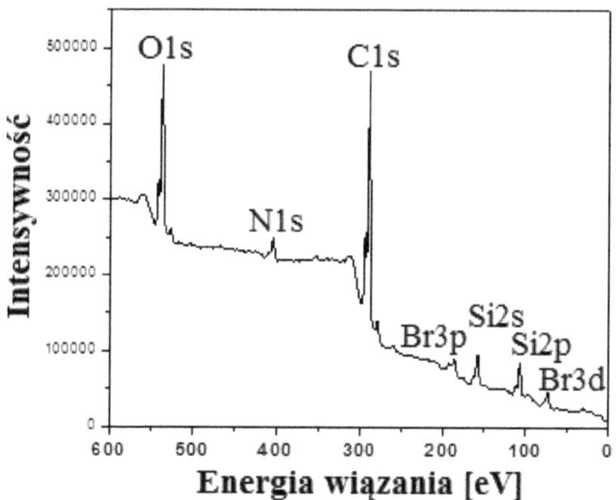

Rysunek 24. Widmo XPS kapsułek z nanocząstkami złota.

Wyniki XPS wykazują natomiast brak sygnału od złota. Technika XPS bada powierzchnię materiałów do głębokości jedynie kilku nanometrów. Brak sygnału od złota pokazuje więc, że nanocząstki złota są zamknięte wewnątrz kapsułki, natomiast nie są wbudowane po zewnętrznej stronie ściany kapsułki.

II.3.2.6 Fluorescencja rentgenowska

Przy pomocy fluorescencji rentgenowskiej (XRF) zbadany został skład pierwiastkowy kapsułek wypełnionych nanocząstkami złota. W odróżnieniu od XPS, metoda ta bada skład całej próbki, a nie jedynie jej powierzchnię. Widmo XRF (Rys. 25) potwierdza obecność złota w próbce. Widoczne są linie spektralne przypisane do złota przy 2,88 keV ($M\zeta$); 8,49 keV ($L\iota$); 9,63 keV ($L\alpha 2$) i 14,30 keV ($L\gamma 4$). Linia $L\beta 5$, która pojawia się przy 11,92 keV, nakłada się z sygnałem $K\alpha 1$ od bromu (11,93 keV). Linia pochodząca od bromu $K\beta 1$ (13,29 keV) pokrywa się z linią $L\gamma 1$ od złota (13,38 keV). Obecność bromu w kapsułkach świadczy, że jest on wbudowany w strukturę polipirolu.

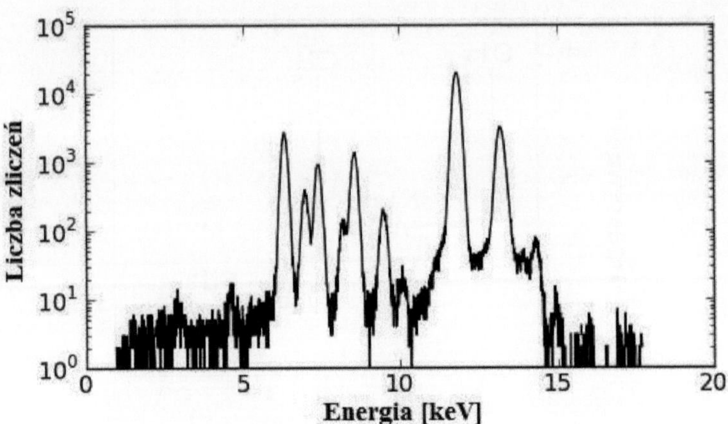

Rysunek 25. Widmo XRF kapsułek z nanocząstkami złota.

II.3.2.7 Mikrosonda elektronowa EDS

Podobnie jak metoda XRF, mikrosonda elektronowa pozwala na analizę elementarną całej próbki, a nie jedynie jej powierzchni. Metoda EDS (ang. *Energy--Dispersive X-ray Spectroscopy*) posłużyła do zbadania składu pierwiastkowego kapsułek z nanocząstkami złota. Widmo przedstawia rysunek 26. Widoczne są sygnały od węgla, azotu i złota. Linie od tlenu i krzemu pochodzą od kwarcowego podłoża. Bromu nie można było oznaczać przy pomocy EDS. W próbce znajdują się również śladowe ilości innych pierwiastków, które pochodzą najprawdopodobniej od zanieczyszczeń.

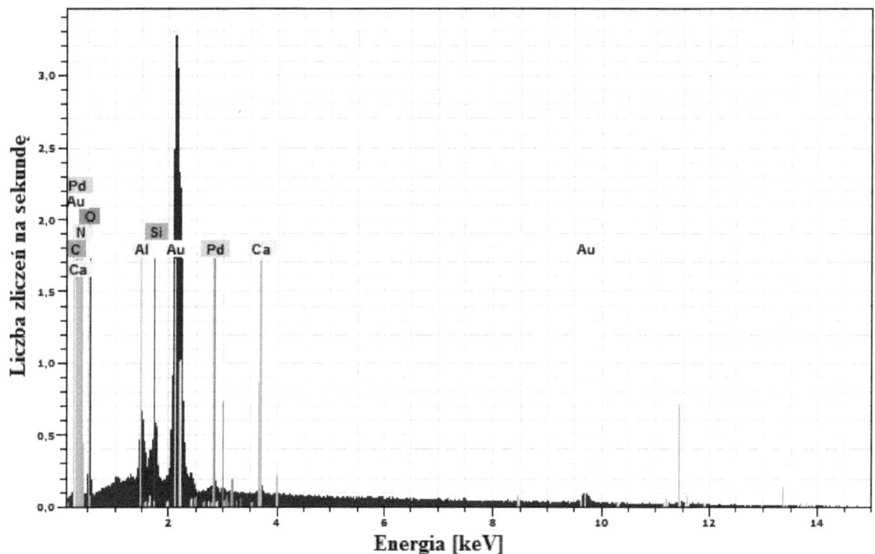

Rysunek 26. Widmo EDS kapsułek z nanocząstkami złota.

II.3.3 Osadzanie polimeru wokół kropli wody zawierającej nanocząstki srebra

W analogiczny sposób jak nanocząstki złota, zamknięto w kapsułkach polimerowych nanocząstki srebra. W wyniku reakcji fotochemicznej polimer osadza się na kroplach roztworu zawierającego nanocząstki, w wyniku czego powstają kapsułki polipirolowe z uwięzionymi nanocząstkami srebra.

II.3.3.1 Obrazowanie SEM

Morfologię produktu z punktu II.3.3 pozwoliła zbadać skaningowa mikroskopia elektronowa (Rys. 27). Obraz SEM pokazuje, że produktem fotopolimeryzacji są kuliste struktury o rozmiarach submikrometrowych. Średni rozmiar kapsułek to około 580 nm. Średnice mieszczą się w zakresie 150-1010 nm. Kapsułki ulegają aglomeracji, tworzy się również bezpostaciowy polipirol.

Rysunek 27. Obraz SEM kapsułek z nanocząstkami srebra.

II.3.3.2 Obrazowanie TEM

Transmisyjna mikroskopia elektronowa pozwoliła zbadać wnętrze struktur polipirolowych, otrzymanych w punkcie II.3.3. Obraz TEM (Rys. 28) potwierdza sferyczną budowę kapsułek. Grubość ściany to około 42 nm. Nieregularne kształty spowodowane są najprawdopodobniej aglomeracją kapsułek. Niestety brak jest śladów wskazujących na obecność nanocząstek srebra. Można przypuszczać, że albo ulegają one rozpuszczeniu podczas reakcji fotopolimeryzacji pirolu, bądź też przechodzą z kropli do fazy organicznej i zostają usunięte z mieszaniny reakcyjnej podczas oczyszczania otrzymanych kapsułek. Bez wątpienia jest to wynik negatywny, jednakże pokazuje on, że proces zamykania wewnątrz kapsułek jest skomplikowany i wymaga przeprowadzenia wielu, dodatkowych badań.

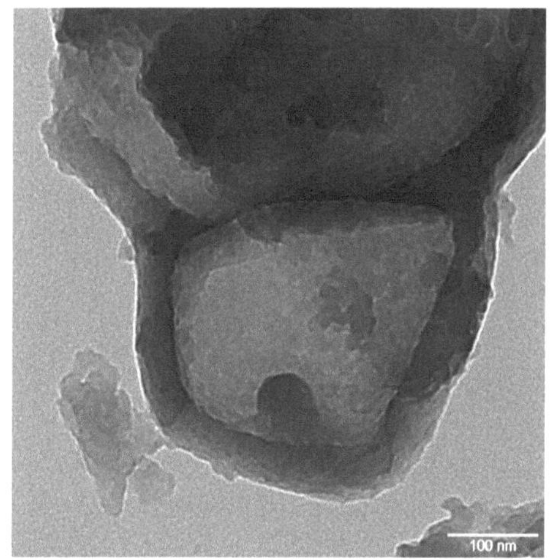

Rysunek 28. Obraz TEM kapsułek z nanocząstkami srebra.

II.3.3.3 Spektroskopia w podczerwieni

Spektroskopia w podczerwieni umożliwia określenie struktury polipirolu z punktu II.3.3. Pomiar próbki wykonano w pastylkach KBr. Rysunek 29 przedstawia widmo FTIR kapsułek polimerowych z nanocząstkami srebra. Silne, szerokie pasmo przy 3158 cm^{-1} odpowiada drganiu rozciągającemu N-H w pirolu (wiązania wodorowe w polipirolu poszerzają sygnał). Pasma przy 1520 cm^{-1}, 1487 cm^{-1} i 1401 cm^{-1} przypisane są drganiom rozciągającym C=C i C=N w płaszczyźnie pierścienia. Drganie rozciągające C-N w płaszczyźnie obserwowane jest przy 1295 cm^{-1}. Drganie C-H zginające w płaszczyźnie widoczne jest przy 1046 cm^{-1}. Pasmo przy 1193 cm^{-1} przypisane jest drganiu oddychającemu pierścienia pirolowego. Pasma przy 784 cm^{-1} oraz 735 cm^{-1} odpowiadają drganiu C-H poza płaszczyznę. Silne pasmo przy 1708 cm^{-1} można przypisać drganiu rozciągającemu C=O w alfa, beta--nienasyconych aldehydach. Drganie rozciągające C-Br pojawia się przy 666 cm^{-1} lub też pasmo odpowiada drganiom CO_2, może to świadczyć o nieprawidłowej korekcie atmosferycznej widma.

Podobnie jak dla ''pustych kapsułek'', widmo FTIR kapsułek z nanocząstkami srebra zawiera sygnały od polipirolu oraz produktów dekompozycji bromoformu. Widoczne jest również pasmo od przyłączonych do szkieletu polimerowego grup karbonylowych.

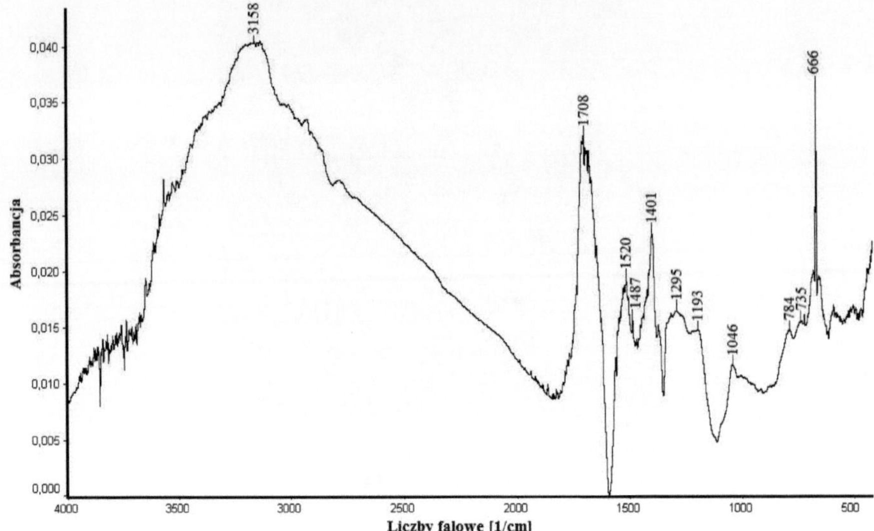

Rysunek 29. Widmo FTIR kapsułek z nanocząstkami srebra.

II.3.3.4 Spektroskopia Ramana

Pomiar widma Ramana kapsułek z nanocząstkami srebra przeprowadzono w standardowych warunkach pomiaru dla polipirolu. Otrzymano wynik (Rys. 30), który przedstawia szerokie tło, bez jakichkolwiek sygnałów od polipirolu. Jest to wynik analogiczny jak dla ''kapsułek pustych'', a jakościowo różny od kapsułek wypełnionych nanocząstkami złota. Ponieważ nanocząstki powinny znacząco wzmacniać sygnał ramanowski, brak pasm polipirolu świadczy o braku metalicznych cząstek srebra w próbce, co zgodne jest z wynikami TEM.

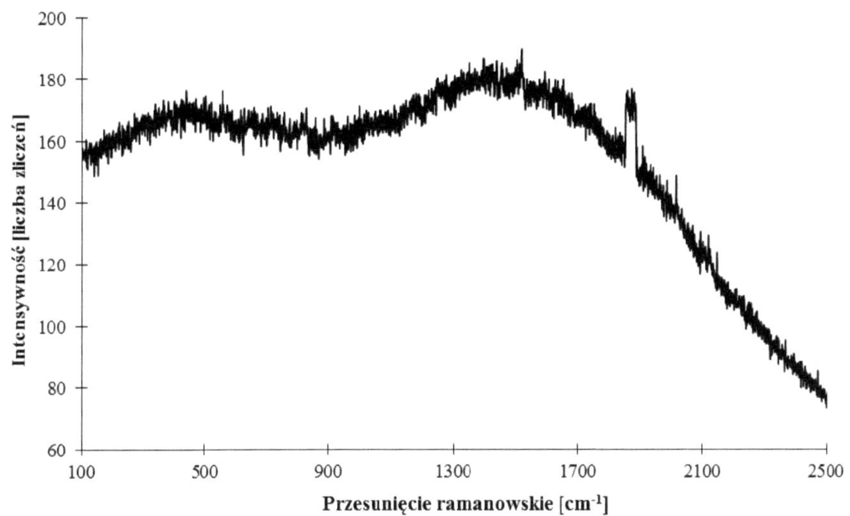

Rysunek 30. Widmo Ramana kapsułek z nanocząstkami srebra.

II.3.3.5 Fluorescencja rentgenowska

Przy pomocy fluorescencji rentgenowskiej (XRF) zbadany został skład pierwiastkowy kapsułek z nanocząstkami srebra. Widmo XRF (Rys. 31) wydaje się potwierdzać obecność srebra w próbce. Względnie słabą linię spektralną przy ok. 3,10 keV można byłoby przypisać obecności srebra, o ile założy się, że sygnał ten pochodzi od trzech nakładających się linii przy 2,98 keV ($L\alpha_1$, $L\alpha_2$); 3,15 keV ($L\beta_1$) i 3,20 keV ($L\beta_4$). Silna linia przy 11,90 keV przypisana jest do bromu ($K\alpha_2$ (11,88 keV), $K\alpha_1$ (11,92 keV)). Linie $K\beta_3$ oraz $K\beta_1$, które widoczne przy 13,29 keV, pochodzą również od bromu.

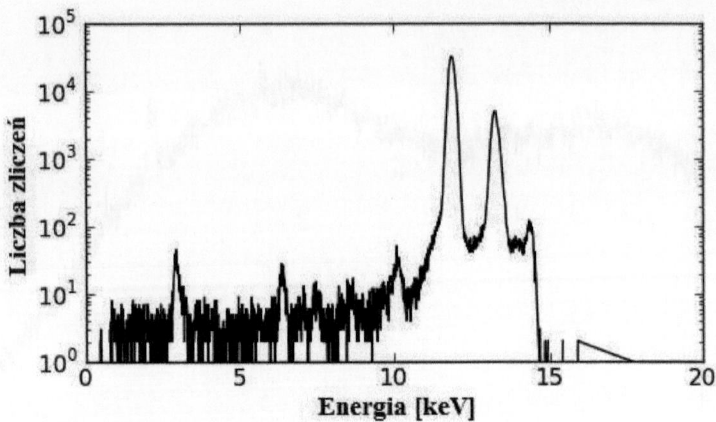

Rysunek 31. Widmo XRF kapsułek z nanocząstkami srebra.

II.3.3.6 Mikrosonda elektronowa EDS

Aby dodatkowo potwierdzić obecność srebra w próbce wykorzystano mikrosondę elektronową, w którą wyposażony jest skaningowy mikroskop elektronowy. Odpowiednie widmo przedstawia rysunek 32. Widoczne są sygnały od węgla i azotu; pierwiastki budujące szkielet polipirolu. Linie od tlenu i krzemu pochodzą od kwarcowego podłoża. Ponieważ próbka przed pomiarem została napylona stopem złota i palladu, stąd pojawienie się odpowiednich linii na widmie. Obecność sygnałów pochodzących od srebra jest dyskusyjna.

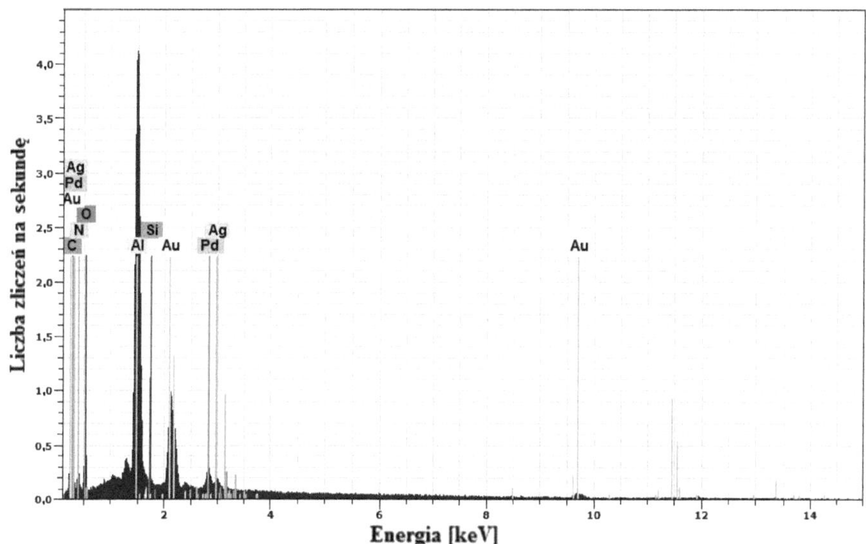

Rysunek 32. Widmo EDS kapsułek z nanocząstkami srebra.

Udział procentowy poszczególnych pierwiastków w próbce pokazuje tabela 1. Zawartość srebra jest minimalna (0,02%), co zdaje się potwierdzać, że w kapsułkach brak jest nanocząstek srebra. Z kolei wysoka zawartość glinu może pochodzić od zanieczyszczenia próbki. Brak też sygnałów od bromu, gdyż EDS nie jest w stanie wykryć tego pierwiastka.

Pierwiastek	Zawartość procentowa [% at.]
węgiel	36,48
glin	29,03
azot	16,95
tlen	11,99
złoto	3,56
pallad	1,53
krzem	0,43
srebro	0,02
Łącznie	100,00

Tabela 1. Skład pierwiastkowy kapsułek z nanocząstkami srebra.

II.3.3.7 Podsumowanie

Uzyskane wyniki pokazują, że nie udało się zamknąć w kapsułkach polimerowych nanocząstek srebra. Na tym etapie badań trudno określić jaka jest dokładnie tego przyczyna. Być może częściową odpowiedź mogłyby dać pomiary XPS, ale te nie mogły zostać przeprowadzone ze względu na ograniczony dostęp do aparatury.

II.3.4 Osadzanie polimeru wokół kropli wody zawierającej nanocząstki tlenku żelaza (III)

Kolejna próba eksperymentalna obejmowała zamykanie nanocząstek z tlenku żelaza (III) w kapsułkach polipirolowych. Procedury doświadczalne były analogiczne do tych wykorzystywanych przy zamykaniu nanocząstek złota i srebra. W wyniku polimeryzacji w odpowiednim układzie emulsyjnym polimer wytrącał się w postaci brunatnego osadu.

II.3.4.1 Obrazowanie SEM

Morfologię produktu z punktu II.3.4 pozwoliła zbadać skaningowa mikroskopia elektronowa (Rys. 33). Obraz SEM pokazuje, że produktem reakcji nie są kuliste struktury, lecz pręty o rozmiarach nanometrowych. Średnia długość prętów to około 110 nm, a szerokość około 25 nm. W żaden sposób struktury te nie przypominają kapsułek polimerowych.

Rysunek 33. Obraz SEM otrzymanego depozytu.

II.3.4.2 Obrazowanie TEM

Transmisyjna mikroskopia elektronowa pozwoliła zbadać strukturę depozytu, otrzymanego w punkcie II.3.4. Obraz TEM (Rys. 34) podobnie jak SEM ujawnia, że nie tworzą się kapsułki, lecz nanopręty. Średnia długość prętów to około 100 nm. Średnia szerokość prętów to około 15 nm i jest to wartość porównywalna z oszacowaniami na podstawie wyników SEM. Drobne elementy znajdujące się poza polimerem mogą być fragmentami uszkodzonych nanoprętów.

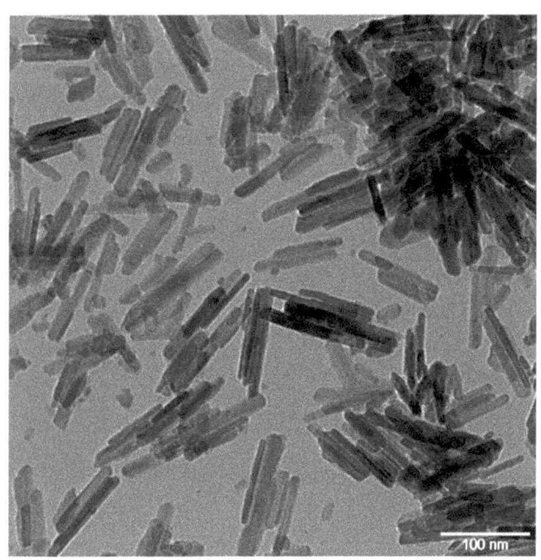

Rysunek 34. Obraz TEM otrzymanego depozytu.

II.3.4.3 Spektroskopia w podczerwieni

Wobec zaskakujących wyników mikroskopowych zbadano skład chemiczny tworzącego się depozytu wykorzystując spektroskopię w podczerwieni (Rys. 35). Pomiar próbki wykonano w pastylkach KBr. Silne, szerokie pasmo w zakresie 3391-3216 cm^{-1} odpowiada nakładającym się drganiom: rozciągającemu N-H w pirolu (wiązania wodorowe w polipirolu poszerzają sygnał) i rozciągającemu O-H. Silne pasmo przy 1675 cm^{-1} można przypisać drganiu rozciągającemu C=O w alfa, beta--nienasyconych ketonach. Pasma przy 1528 cm^{-1} i 1401 cm^{-1} przypisane są drganiom rozciągającym C=C i C=N w płaszczyźnie pierścienia. Drganie rozciągające C-N w płaszczyźnie obserwowane jest przy 1311 cm^{-1}. Drganie C-H zginające w płaszczyźnie widoczne jest przy 1046 cm^{-1}. Pasmo przy 1193 cm^{-1} przypisane jest drganiu oddychającemu pierścienia pirolowego. Silne pasma przy 891 cm^{-1} oraz 797 cm^{-1} odpowiadają drganiu zginającemu C-H poza płaszczyznę. Drganie rozciągające C-Br widoczne jest przy 629 cm^{-1}. Charakterystyczne pasmo przypisane tlenkowi żelaza (III) obserwowane jest przy 460 cm^{-1} [41].

Widmo FTIR potwierdza obecność zarówno polimeru jak i tlenku żelaza. Oznacza to, że w wyniku fotopolimeryzacji tworzy się kompozyt polimer-Fe_2O_3, który jednak nie ma charakteru kapsułek.

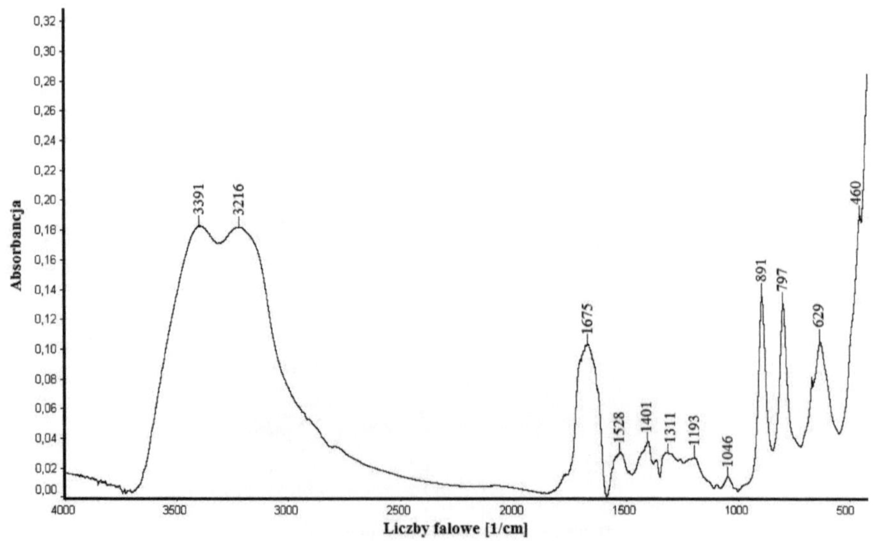

Rysunek 35. Widmo FTIR otrzymanego kompozytu.

II.3.4.4 Spektroskopia Ramana

Przeprowadzone zostały również pomiary ramanowskie otrzymanego depozytu (Rys. 36). Pomiar widma Ramana przeprowadzono w standardowych warunkach pomiaru dla polipirolu. Brak jest niestety jakichkolwiek pasm, widoczne jest jedynie szerokie tło. Trudno na tej podstawie wyciągać jakiekolwiek daleko idące wnioski.

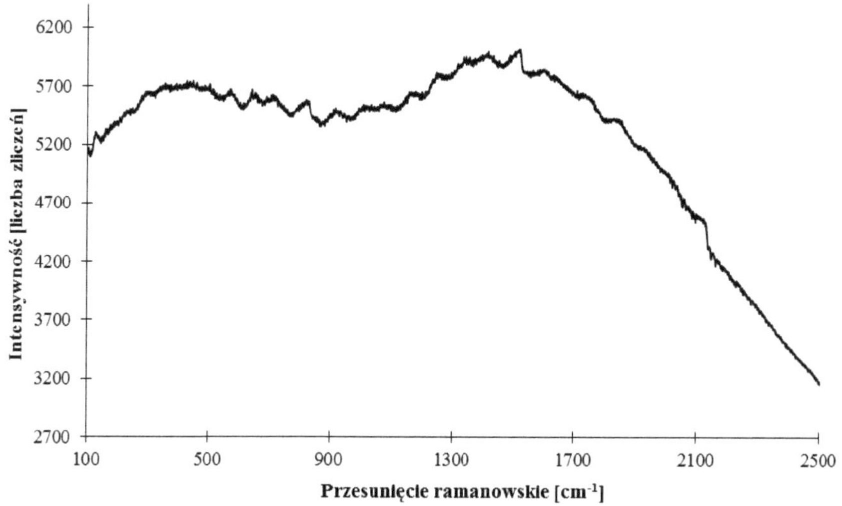

Rysunek 36. Widmo Ramana otrzymanego kompozytu.

II.3.4.5 Mikrosonda elektronowa EDS

Mikrosonda elektronowa EDS posłużyła do zbadania składu pierwiastkowego nanoprętów polipirolowych. Widmo przedstawia rysunek 37. Widoczne są sygnały od węgla i azotu; pierwiastki budują szkielet polipirolu. Linie od tlenu i krzemu pochodzą od kwarcowego podłoża. Widoczne są sygnały od żelaza, które potwierdzają obecność tlenku żelaza (III), najprawdopodobniej w formie polipirolowych nanoprętów. Próbka przed pomiarem została napylona stopem złota i palladu, stąd pojawienie się ich linii na widmie.

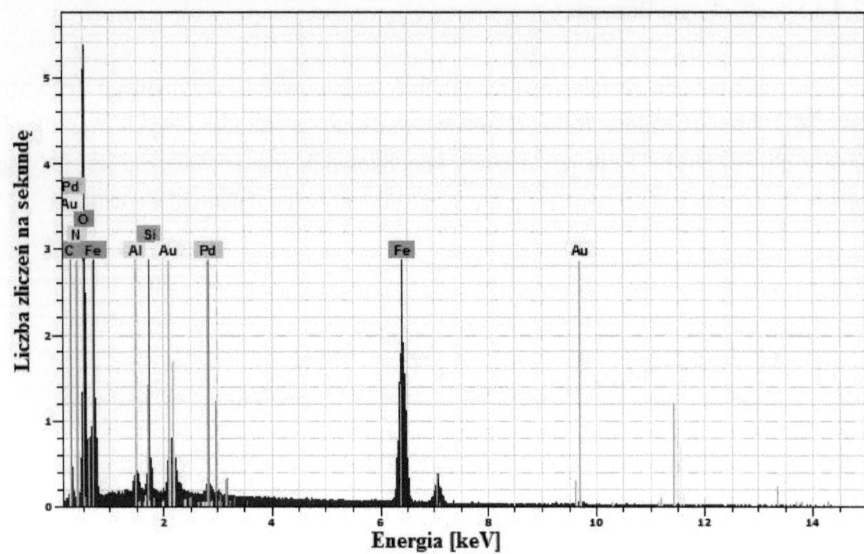

Rysunek 37. Widmo EDS otrzymanego kompozytu.

Udział procentowy poszczególnych pierwiastków w próbce pokazuje tabela 2. Zawartość żelaza i tlenu w nanoprętach polipirolowych jest wysoka. Żelazo stanowi 31,78% atomowych próbki, zatem odpowiadająca mu ilość tlenu, pochodząca od tlenku żelaza III (Fe_2O_3), powinna być równa 47,43%. Zwiększony udział procentowy tlenu wynika z obecności sygnałów od podłoża kwarcowego.

Pierwiastek	**Zawartość procentowa [% at.]**
tlen	60,89
żelazo	31,78
krzem	1,72
azot	1,35
glin	1,27
złoto	1,27
węgiel	1,22
pallad	0,51
Łącznie	100,00

Tabela 2. Skład pierwiastkowy otrzymanego kompozytu.

II.3.4.6 Podsumowanie

Uzyskane wyniki pokazują jednoznacznie, że w wyniku fotopolimeryzacji w układzie woda/pirol/bromoform, w obecności nanocząstek Fe_2O_3 nie tworzą się kapsułki. Tworzą się za to nanopręty, które zbudowane są najprawdopodobniej z tlenku żelaza. Nie jest znana przyczyna tworzenia się takich struktur. Być może powstają one w wyniku naświetlania promieniowaniem ultrafioletowym. Wynik jest naukowo ciekawy i zapewne stanie się przedmiotem dalszych badań. Tym niemniej tworzenie się nanoprętów z tlenku żelaza nie jest celem niniejszej pracy, dlatego też szczegółowe wyjaśnienie procesów powstawania takich struktur wykracza poza jej temat.

II.4 Fotopolimeryzacja w bromoformowej zawiesinie nanocząstek

W rozdziale II.3 przedstawiona została pierwsza metoda fotochemicznego otrzymywania struktur polipirolowych. Polimer osadzał się na powierzchni kropel wody zdyspergowanych w bromoformie, tworząc w większości przypadków kapsułki. W niniejszym rozdziale zostanie zaprezentowana druga metoda fotochemicznego otrzymywania struktur polipirolowych. Fotopolimeryzacja pirolu będzie zachodziła bezpośrednio na nanoczastkach rozproszonych w bromoformie.

Do 500 µl bromoformu dodano 500 µl roztworu nanocząstek w rozpuszczalniku organicznym. Do zawiesiny dodano 100 µl pirolu, wstrząśnięto w celu dokładnego rozpuszczenia pirolu w bromoformie. Otrzymana mieszanina została przelana do rurki kwarcowej o objętości 1 ml, zabezpieczonej teflonowymi zatyczkami. Rurka obracała się z prędkością 20 obrotów na minutę, aby podczas naświetlania objętość mieszaniny równomiernie została oświetlona. Obracającą się rurkę naświetlano lampą rtęciową przez 5 minut z odległości 15 cm. Po procesie fotopolimeryzacji zawartość rurki przenoszono do probówki typu Eppendorf i odwirowywano brunatny osad, supernatant odrzucano. Osad przemywano bromoformem, ponownie odwirowywano, a supernatant odrzucano. Procedurę przemywania wykonywano trzykrotnie. Otrzymany depozyt poddawano dalszym doświadczeniom.

Bromoformowa zawiesina nanocząstek stanowiła środowisko, w którym fotopolimeryzacja ma zachodzić bezpośrednio na powierzchni nanocząstek. Powstający polimer osadza się na nanocząstkach, które są swego rodzaju matrycą dla polipirolu. Celem procesu jest otrzymanie struktur typu core-shell (rdzeń-powłoka), w których rdzeń stanowić będzie pojedyncza nanocząstka, a powłoką będzie cienki film polipirolu. Ogólnie ujmując produktem fotopolimeryzacji będzie polipirolowy materiał kompozytowy. W zależności od użytych w doświadczeniu nanocząstek, można mówić o różnych rodzajach polipirolowego materiału kompozytowego.

II.4.1 Osadzanie polimeru w zawiesinie nanocząstek złota

W pierwszej kolejności do osadzania polimeru wykorzystano nanocząstki złota. W wyniku fotopolimeryzacji powstaje polipirolowy depozyt, który jak można sądzić powinien być materiałem kompozytowym polipirolu i nanocząstek złota.

II.4.1.1 Obrazowanie SEM

Skaningowa mikroskopia elektronowa pozwoliła zbadać morfologię produktu z punktu II.4.1. Obraz SEM (Rys. 38) pokazuje, że osad powstały w wyniku reakcji fotopolimeryzacji składa się z bezpostaciowego polipirolu oraz kulistych struktur na nim osadzonych. Średni rozmiar kulistych struktur polimeru to około 130 nm. Rozmiar użytych nanocząstek złota to 4-6 nm, stąd wniosek, że otrzymane struktury są za duże, aby były strukturami typu core-shell.

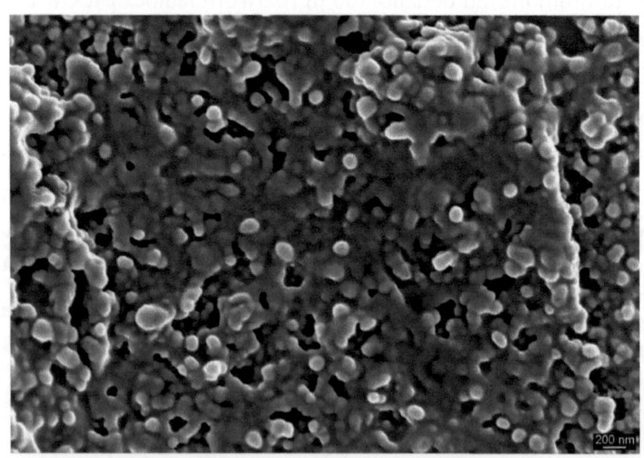

Rysunek 38. Obraz SEM polipirolu z nanocząstkami złota.

II.4.1.2 Obrazowanie TEM

Transmisyjna mikroskopia elektronowa pozwoliła prześwietlić otrzymany polipirolowy depozyt. Osad polimeru przemywany był wodą, nanoszony na miedzianą siatkę i pozostawiany do wyschnięcia przed pomiarem. Obraz TEM (Rys. 39) potwierdza obecność nanocząstek złota (czarne kropki) w bezpostaciowym polipirolu.

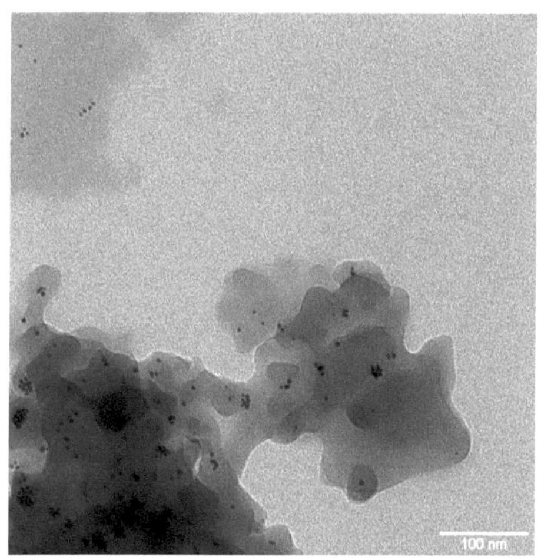

Rysunek 39. Obraz TEM polipirolu z nanocząstkami złota.

II.4.1.3 Spektroskopia w podczerwieni

Spektroskopia w podczerwieni umożliwia określenie struktury produktu z punktu II.4.1. Pomiar próbki wykonano w pastylkach KBr. Rysunek 40 przedstawia widmo FTIR materiału kompozytowego z nanocząstkami złota. Pasmo przy 1646 cm^{-1} można przypisać drganiu rozciągającemu C=C. Pasma przy 1557 cm^{-1} i 1487 cm^{-1} przypisane są drganiom rozciągającym C=C i C=N w płaszczyźnie pierścienia. Drganie rozciągające C-N w płaszczyźnie obserwowane jest przy 1320 cm^{-1}. Drganie C-H zginające w płaszczyźnie widoczne jest przy 1242 cm^{-1}. Pasmo przy 1181 cm^{-1} przypisane jest drganiu oddychającemu pierścienia pirolowego. Silne pasma przy 837 cm^{-1} oraz 715 cm^{-1} odpowiadają drganiu zginającemu C-H poza płaszczyznę. Drganie rozciągające C-Br widoczne jest przy 617 cm^{-1}.

Widmo FTIR materiału kompozytowego z nanocząstkami złota zawiera sygnały od polipirolu oraz produktów dekompozycji bromoformu, które wbudowały się w szkielet polimeru.

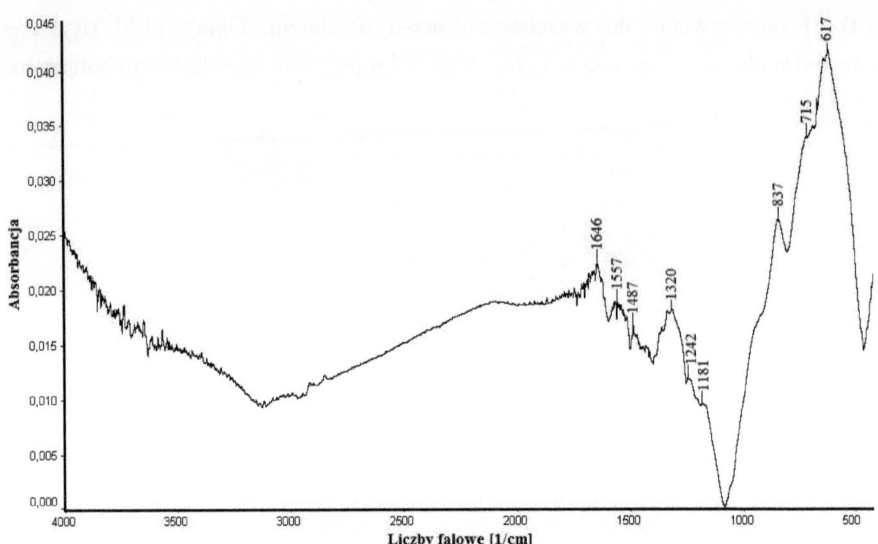

Rysunek 40. Widmo FTIR polipirolowego materiału kompozytowego z nanocząstkami złota.

II.4.1.4 Spektroskopia Ramana

Przeprowadzono pomiar widma Ramana materiału kompozytowego z nanocząstkami złota. Otrzymano widmo (Rys. 41), które zawiera kilka typowych sygnałów od polipirolu. Pasma przy 1596 cm^{-1}, 1371 cm^{-1} i 1247 cm^{-1} przypisane są drganiom: rozciągającemu C=C w pierścieniu pirolowym; antysymetrycznemu, rozciągającemu C-N oraz zginającemu, antysymetrycznemu C-H w płaszczyźnie. Charakterystyczne, małe pasmo szkieletowe widoczne jest przy 1499 cm^{-1}. Pasma przy 938 cm^{-1} i 1084 cm^{-1} przypisane są strukturze bipolaronu, odpowiednio drganiu odkształcającemu pierścień pirolu oraz symetrycznemu drganiu zginającemu C-H w płaszczyźnie. Strukturze polaronu odpowiadają pasma przy 969 cm^{-1} i 1049 cm^{-1}, przypisane odpowiednio drganiu odkształcającemu pierścień pirolu oraz symetrycznemu drganiu zginającemu C-H w płaszczyźnie pierścienia.

Struktury polipirolowe dają dobre widmo Ramana dzięki zjawisku SERS (ang. *Surface Enhanced Raman Spectroscopy*). Wzmocnienie sygnałów nastąpiło wskutek obecności nanocząstek złota.

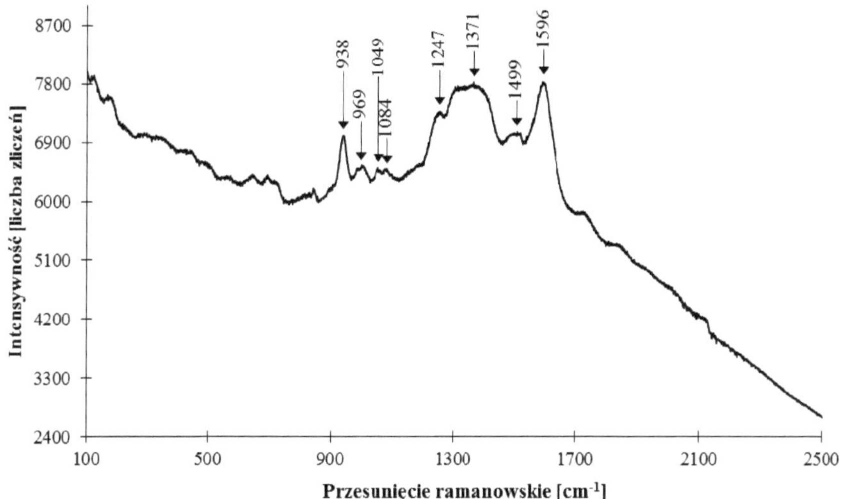

Rysunek 41. Widmo Ramana polipirolowego materiału kompozytowego z nanocząstkami złota.

II.4.2 Osadzanie polimeru w zawiesinie nanocząstek srebra

Kolejnym krokiem eksperymentalnym były próby otrzymania struktur typu core-shell poprzez osadzenie polipirolu na nanocząstkach srebra. W trakcie reakcji fotochemicznej powstaje polipirolowy materiał kompozytowy z nanocząstkami srebra.

II.4.2.1 Obrazowanie SEM

Skaningowa mikroskopia elektronowa pozwoliła zbadać morfologię produktu z punktu II.4.2. Obraz SEM (Rys. 42) pokazuje, że osad powstały w wyniku reakcji fotopolimeryzacji zawiera kuliste struktury o rozmiarach submikrometrowych. Średni rozmiar kapsułek to około 70 nm. Średnice mieszczą się w zakresie 50-90 nm. Kapsułki ulegają aglomeracji. Powstaje też bezpostaciowy polipirol. Rozmiar użytych nanocząstek srebra to 5-15 nm, stąd wniosek, że otrzymane struktury wydają się za duże, aby były strukturami typu core-shell.

Rysunek 42. Obraz SEM polipirolu z nanocząstkami srebra.

II.4.2.2 Obrazowanie TEM

Transmisyjna mikroskopia elektronowa pozwoliła zbadać strukturę otrzymanego depozytu. Obraz TEM (Rys. 43) potwierdza obecność nanocząstek srebra, które wbudowane są w bezpostaciowy osad polipirolu. Nie zaobserwowano natomiast nanocząstek srebra poza polimerem.

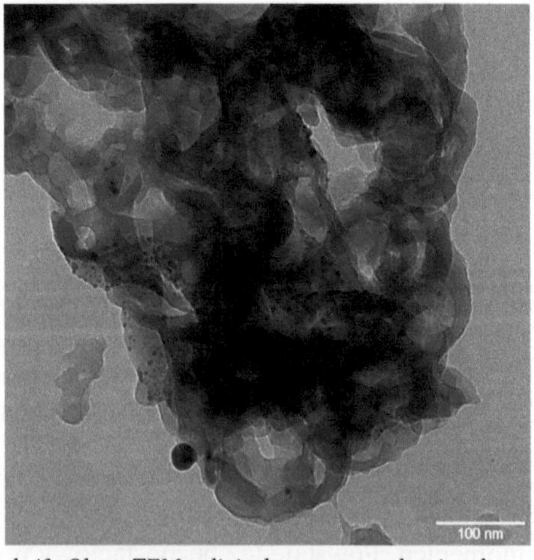

Rysunek 43. Obraz TEM polipirolu z nanocząstkami srebra.

II.4.2.3 Spektroskopia w podczerwieni

Spektroskopia w podczerwieni umożliwia określenie struktury chemicznej produktu z punktu II.4.2. Rysunek 44 przedstawia widmo FTIR materiału kompozytowego z nanocząstkami srebra. Silne pasmo przy 3469 cm^{-1} odpowiada drganiu rozciągającemu N-H w wolnym pirolu. Pasma przy 1532 cm^{-1} i 1487 cm^{-1} przypisane są drganiom rozciągającym C=C i C=N w płaszczyźnie pierścienia. Drganie rozciągające C-N w płaszczyźnie obserwowane jest w zakresie 1340-1303 cm^{-1}. Drganie C-H zginające w płaszczyźnie widoczne jest przy 1238 cm^{-1}. Pasmo przy 1189 cm^{-1} przypisane jest drganiu oddychającemu pierścienia pirolowego. Silne pasma przy 837 cm^{-1} oraz 719 cm^{-1} odpowiadają drganiu zginającemu C-H poza płaszczyznę. Drganie rozciągające C-Br widoczne jest przy 629 cm^{-1}. Szerokie pasmo w zakresie 1708-1638 cm^{-1} powstało z nałożenia się drgań: rozciągającego C=O i rozciągającego C=C.

Widmo FTIR materiału kompozytowego z nanocząstkami srebra zawiera sygnały od polipirolu oraz produktów dekompozycji bromoformu.

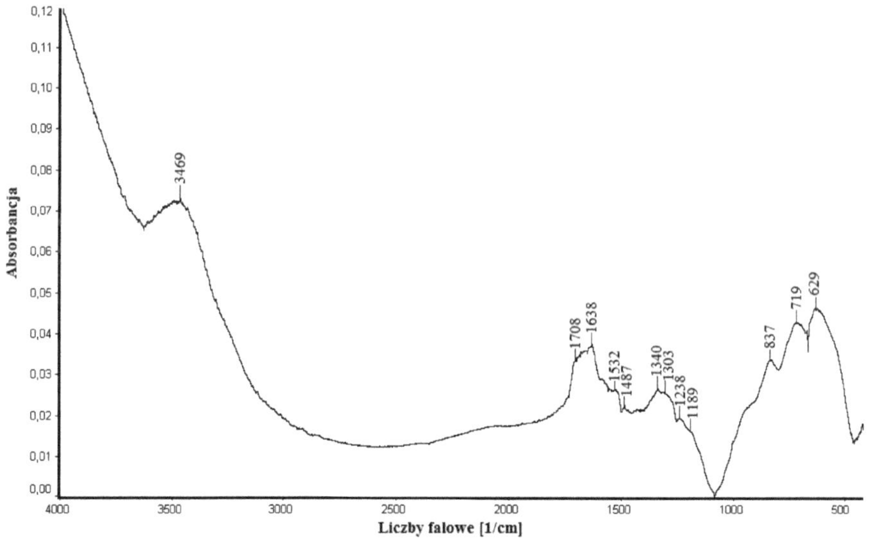

Rysunek 44. Widmo FTIR polipirolowego materiału kompozytowego z nanocząstkami srebra.

II.4.2.4 Spektroskopia Ramana

Pomiar widma Ramana materiału kompozytowego z nanocząstkami srebra przeprowadzono w standardowych warunkach pomiaru dla polipirolu. Otrzymano wynik (Rys. 45), który przedstawia jedynie szerokie tło. Brak jest jakichkolwiek pasm. Struktury polipirolu, tworzącego materiał kompozytowy, nie dają widma ramanowskiego pomimo obecności nanocząstek srebra, co jednoznacznie pokazują wyniki TEM. Na tym etapie badań trudno ocenić dlaczego w widmie ramanowskim brak jest sygnałów od polimeru, pomimo iż wydawałoby się, że nanocząstki srebra powinny wzmacniać rozproszenie ramanowskie dzięki zjawisku SERS. Być może brak wzmocnienia wiąże się z relatywnie małą liczbą nanocząstek wbudowanych w polimer.

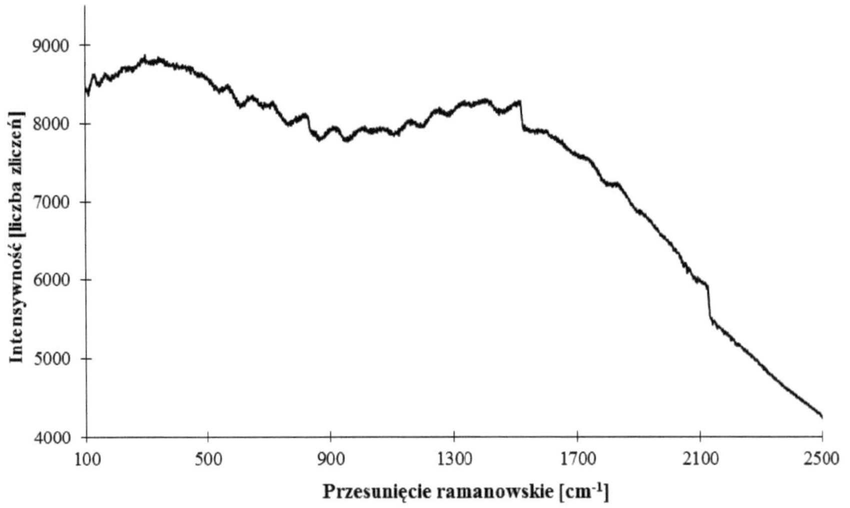

Rysunek 45. Widmo Ramana polipirolowego materiału kompozytowego z nanocząstkami srebra.

II.4.2.5 Mikrosonda elektronowa EDS

Mikrosonda elektronowa EDS posłużyła do zbadania składu pierwiastkowego polipirolowego materiału kompozytowego z nanocząstkami srebra. Widmo przedstawia rysunek 46. Widoczne są sygnały od węgla i azotu; pierwiastki budujące szkielet polipirolu. Sygnał od srebra pochodzi jak można sądzić od nanocząstek wbudowanych w polimer. Linie od tlenu i krzemu pochodzą od kwarcowego podłoża.

Próbka przed pomiarem została napylona stopem złota i palladu, stąd pojawienie się linii tych pierwiastków w widmie. Bromu nie można było oznaczać przy pomocy EDS.

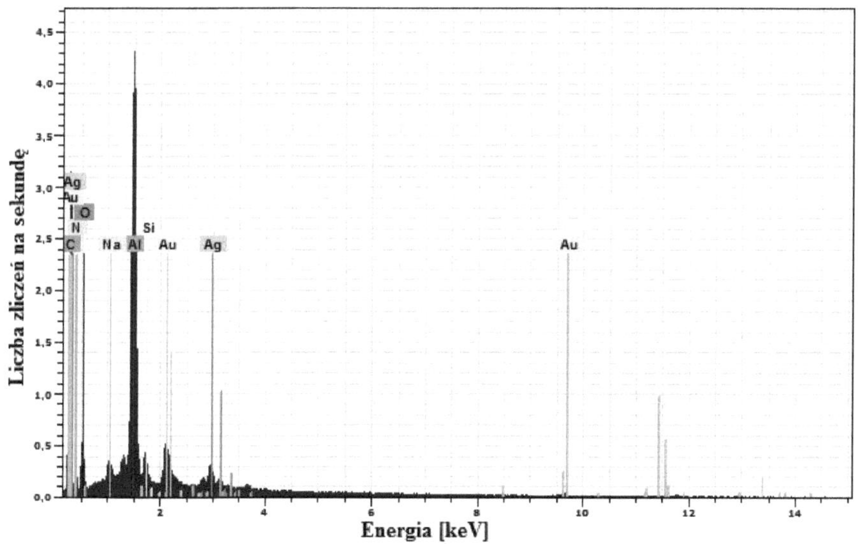

Rysunek 46. Widmo EDS polipirolowego materiału kompozytowego z nanocząstkami srebra.

Udział procentowy poszczególnych pierwiastków w próbce pokazuje tabela 3. Zawartość srebra jest bardzo mała (0,82%). Obecność nanocząstek srebra w polipirolu jest niewielka i zdaje się to tłumaczyć wyniki spektroskopii Ramana (brak zjawiska SERS). Wysoka zawartość glinu może pochodzić od zanieczyszczenia próbki.

Pierwiastek	Zawartość procentowa [% at.]
węgiel	60,84
glin	12,90
azot	12,60
tlen	10,23
sód	1,01
krzem	0,97
srebro	0,82
złoto	0,64
Łącznie	100,00

Tabela 3. Skład pierwiastkowy polipirolowego materiału kompozytowego z nanocząstkami srebra.

II.4.2.6 Podsumowanie

Polipirolowy materiał kompozytowy z nanocząstkami srebra nie wykazuje struktur typu core-shell. Otrzymano bezpostaciowy polipirol zawierający nanocząstki srebra. Jednakże ilość nanocząstek jest niewystarczająca, aby mogły one wzmocnić rozproszenie ramanowskie. Kompozyt nie daje widma Ramana.

II.4.3 Osadzanie polimeru w zawiesinie nanocząstek magnetycznego tlenku żelaza

W dalszej kolejności do osadzania polimeru użyte zostały nanocząstki magnetycznego tlenku żelaza (II,III) (magnetytu). W trakcie reakcji powstaje polipirolowy materiał kompozytowy z nanocząstkami magnetycznego tlenku żelaza.

II.4.3.1 Obrazowanie SEM

Skaningowa mikroskopia elektronowa pozwoliła zbadać morfologię otrzymanego osadu. Obraz SEM (Rys. 47) pokazuje, że osad powstały w wyniku reakcji fotopolimeryzacji zawiera kuliste struktury o rozmiarach nanometrowych. Średni rozmiar kapsułek to około 27 nm. Kapsułki ulegają aglomeracji. Rozmiar użytych nanocząstek magnetycznego tlenku żelaza to średnio 20 nm, stąd wniosek, że otrzymane struktury mogą być strukturami typu core-shell.

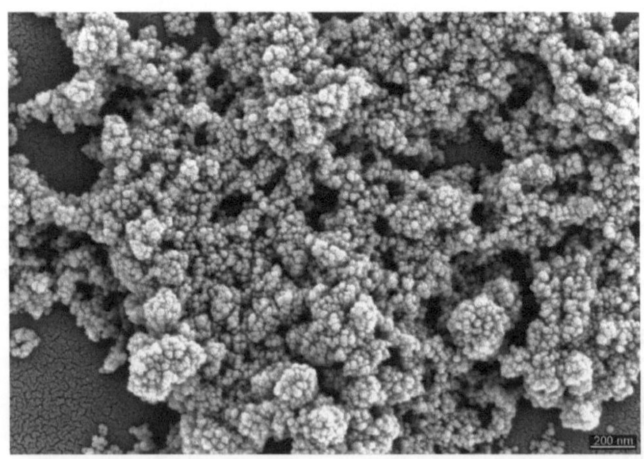

Rysunek 47. Obraz SEM polipirolu z nanocząstkami magnetycznego tlenku żelaza.

II.4.3.2 Obrazowanie TEM

Transmisyjna mikroskopia elektronowa pozwoliła zbadać strukturę otrzymanego depozytu. Obrazy TEM (Rys. 48) potwierdzają obecność nanocząstek magnetycznego tlenku żelaza (czarne kropki). Nanocząstki są ściśle pokryte cienkim filmem polipirolu (jaśniejsza warstwa pokrywająca ciemniejszy rdzeń). Grubość powłoki polimerowej to około 3,5 nm. Zatem otrzymano struktury core-shell. Mają one zdolność do aglomeracji (Rys. 48b), tworząc polipirolowy materiał kompozytowy gęsto upakowany nanocząstkami magnetycznego tlenku żelaza.

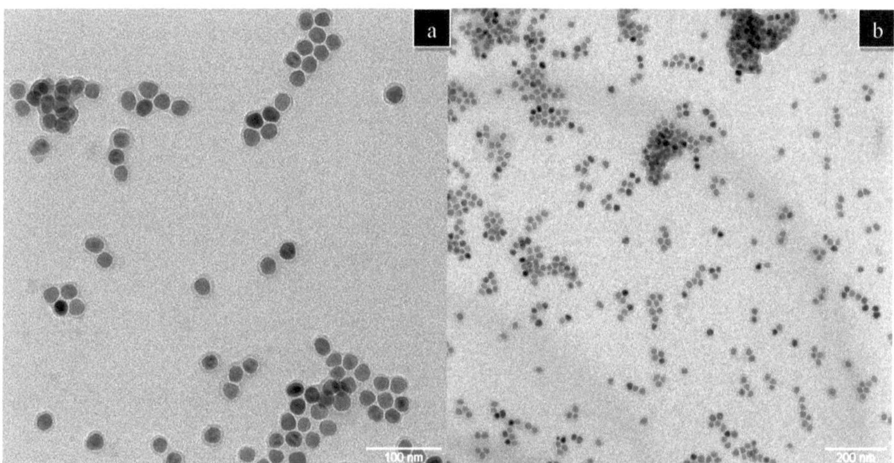

Rysunek 48. Obraz TEM polipirolu z nanocząstkami magnetycznego tlenku żelaza. Rysunki a) i b) pochodzą z tej samej próbki.

II.4.3.3 Spektroskopia w podczerwieni

Spektroskopia w podczerwieni umożliwia określenie struktury produktu z punktu II.4.3. Pomiar próbki wykonano w pastylkach KBr. Rysunek 49 przedstawia widmo FTIR materiału kompozytowego z nanocząstkami magnetycznego tlenku żelaza. Silne pasmo przy 3432 cm^{-1} odpowiada drganiu rozciągającemu N-H w wolnym pirolu. Pasmo przy 1634 cm^{-1} można przypisać drganiu rozciągającemu C=C. Pasma przy 1528 cm^{-1} i 1405 cm^{-1} przypisane są drganiom rozciągającym C=C i C=N w płaszczyźnie pierścienia. Drganie rozciągające C-N w płaszczyźnie obserwowane jest przy 1336 cm^{-1}. Drganie C-H zginające w płaszczyźnie widoczne jest przy 1222 cm^{-1}. Pasmo przy 1189 cm^{-1} przypisane jest drganiu oddychającemu pierścienia pirolowego. Małe pasmo przy 1095 cm^{-1} odpowiada drganiu odkształcającemu $N^{+}H_2$ w płaszczyźnie i potwierdza częściowe protonowanie łańcucha polipirolowego. Drganie C-H zginające w płaszczyźnie widoczne jest przy 1029 cm^{-1}. Pasma przy 931 cm^{-1} oraz 833 cm^{-1} odpowiadają drganiu zginającemu C-H poza płaszczyznę. Silne pasmo przy 576 cm^{-1} najprawdopodobniej pochodzi od nałożenia się drgań: rozciągającego C-Br i specyficznego drgania Fe-O [42].

Widmo FTIR materiału kompozytowego z nanocząstkami magnetycznego tlenku żelaza zawiera sygnały od polipirolu oraz monomeru, który prawdopodobnie pochodzi od nieprzereagowanego pirolu. Obecne są również pasma od produktów: dekompozycji bromoformu i protonowania łańcuchów polipirolowych.

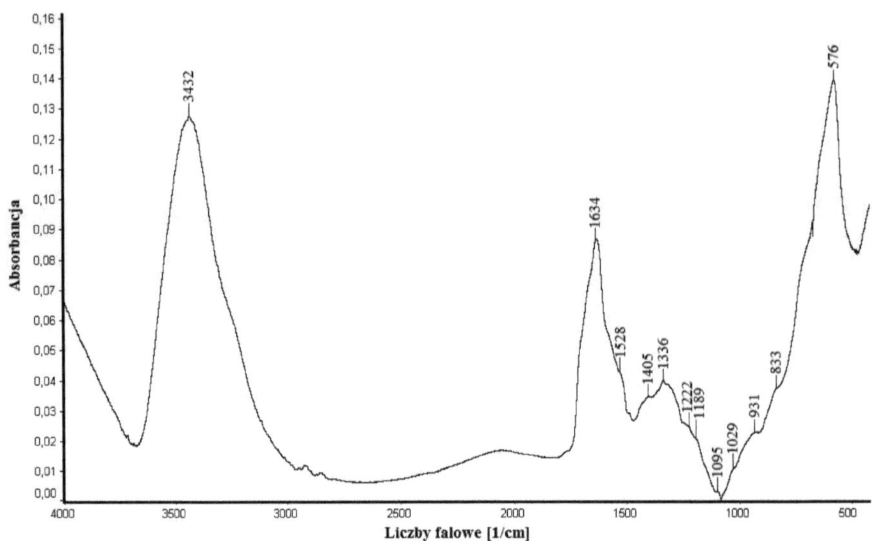

Rysunek 49. Widmo FTIR polipirolowego materiału kompozytowego z nanocząstkami magnetycznego tlenku żelaza.

II.4.3.4 Spektroskopia Ramana

Pomiar widma Ramana materiału kompozytowego z nanocząstkami magnetycznego tlenku żelaza przeprowadzono w standardowych warunkach pomiaru dla polipirolu. Otrzymano wynik (Rys. 50), który przedstawia tło bez jakichkolwiek pasm oscylacyjnych. Struktury polipirolu, tworzącego materiał kompozytowy, nie dają widma ramanowskiego.

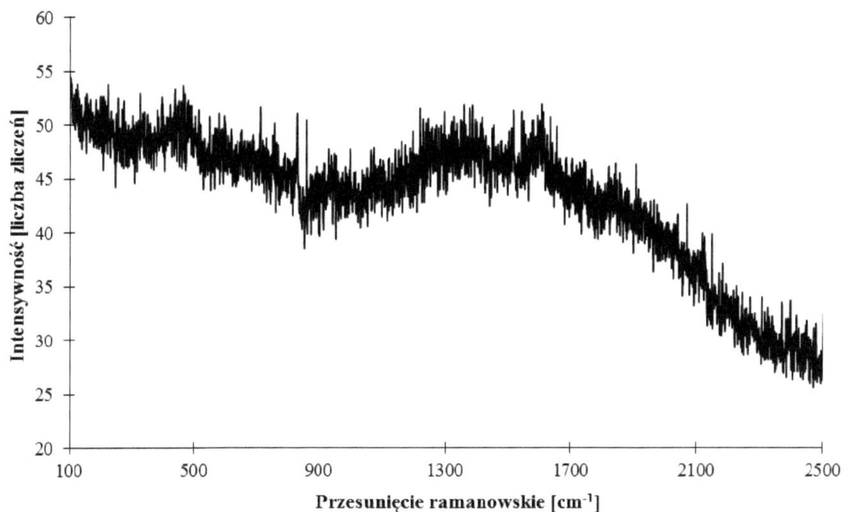

Rysunek 50. Widmo Ramana polipirolowego materiału kompozytowego z nanocząstkami magnetycznego tlenku żelaza.

II.4.3.5 Mikrosonda elektronowa EDS

Mikrosonda elektronowa EDS posłużyła do zbadania składu pierwiastkowego polipirolowego materiału kompozytowego z nanocząstkami magnetycznego tlenku żelaza. Widmo przedstawia rysunek 51. Widoczne są sygnały od węgla i azotu, pierwiastków które budują szkielet polipirolu. Linie od tlenu i krzemu pochodzą od kwarcowego podłoża. Widoczne są sygnały od żelaza, które potwierdzają obecność magnetycznego tlenku żelaza w kompozycie. Próbka przed pomiarem została napylona stopem złota i palladu, stąd pojawienie się ich linii na widmie. Bromu nie można było oznaczać przy pomocy EDS.

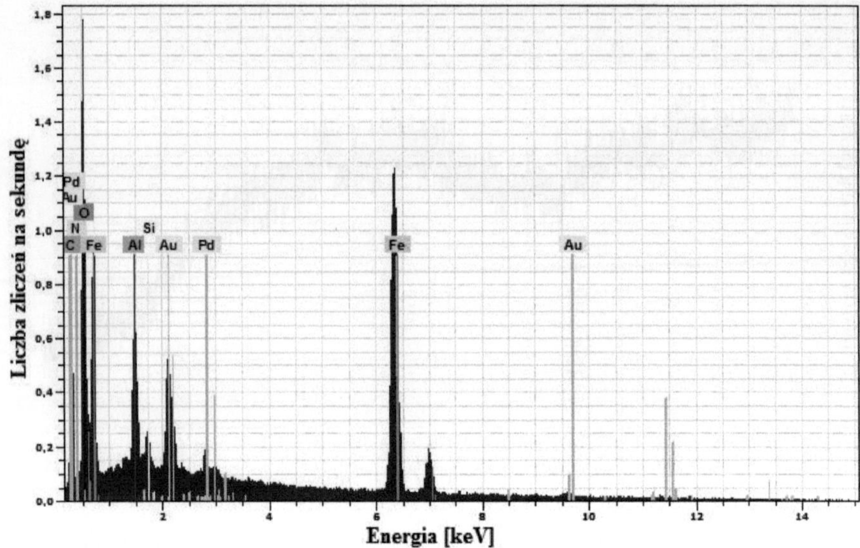

Rysunek 51. Widmo EDS polipirolowego materiału kompozytowego z nanocząstkami magnetycznego tlenku żelaza.

Udział procentowy poszczególnych pierwiastków w próbce pokazuje tabela 4. Zawartość żelaza i tlenu w polipirolu jest wysoka. Żelazo stanowi 26,42% atomowych próbki, zatem odpowiadająca mu ilość tlenu, pochodząca od tlenku żelaza II,III (Fe_3O_4), powinna być równa 35,23%. Zwiększony udział procentowy tlenu wynika z obecności sygnałów od podłoża kwarcowego.

Pierwiastek	**Zawartość procentowa [% at.]**
tlen	38,87
żelazo	26,42
węgiel	23,05
azot	5,08
glin	3,90
złoto	1,25
krzem	0,86
pallad	0,57
Łącznie	100,00

Tabela 4. Skład pierwiastkowy polipirolowego materiału kompozytowego z nanocząstkami magnetycznego tlenku żelaza.

II.4.3.6 Podsumowanie

Kompozyt polipirol-magnetyczny tlenek żelaza zawiera struktury typu core-shell. Obrazy SEM i TEM potwierdzają kulistą budowę struktur, w których otoczkę stanowi polipirol, a rdzeń nanocząstka magnetycznego tlenku żelaza. Widmo ramanowskie nie wykazało żadnych pasm. Wyniki EDS potwierdzają obecność żelaza i tlenu w otrzymanym kompozycie.

II.5 Podsumowanie

W pracy przeprowadzono syntezę mikrostruktur polipirolu na drodze polimeryzacji fotochemicznej w środowisku bromoformu. Wykazano, że fotopolimeryzacja pirolu przebiega w bromoformie. Fotopolimeryzację przeprowadzano dwoma metodami, stosując emulsję woda w oleju oraz bromoformową zawiesinę nanocząstek. Pierwsza metoda posłużyła do otrzymania submikrometrowych struktur polipirolowych: pustych w środku i zawierających nanocząstki złota lub tlenku żelaza (III). Użycie nanocząstek tlenku żelaza (III) do syntezy, przyczyniło się do powstania nanoprętów polipirolowych z nanocząstkami Fe_2O_3 w całej ich objętości. Eksperyment z użyciem nanocząstek srebra nie dał zadowalających efektów. Druga metoda posłużyła do otrzymania polipirolowego materiału kompozytowego zawierającego nanocząstki złota, srebra lub magnetycznego tlenku żelaza. Zastosowanie nanocząstek Fe_3O_4 doprowadziło do powstania struktur typu core-shell, gdzie rdzeń stanowiła pojedyncza nanocząstka, a powłokę cienki film polipirolu. Za pomocą technik spektroskopowych potwierdzono skład chemiczny oraz strukturę polimeru w produktach pochodzących z obu metod syntezy. W przypadku struktur z nanocząstkami złota zaobserwowano efekt SERS, podczas gdy pozostałe struktury nie dawały widma ramanowskiego.

III BIBLIOGRAFIA

1. Jackowska K., Nowe materiały: otrzymywanie, właściwości i zastosowania, *materiały do wykładu, Uniwersytet Warszawski*, **2010**
2. Mazur M., *praca habilitacyjna, Uniwersytet Warszawski*, **2010**
3. Proń A., *Wiedza i życie*, **2001**, 2
4. Świżewska M., *materiały ze strony www.nanonet.pl*
5. Saville P., *protokół techniczny, Defence Research and Development Canada*, **2005**
6. Street G.B., Clarke T.C., Geiss R.H., Lee V.Y., Nazzal A., Pfluger P., Scott J.C., *Journal de Physique*, **1983**, 44 (6), C3-599
7. Jasuda A., Shimidzu T., *Polymer Journal*, **1993**, 25 (4), 329-338
8. Robello R., *materiały ze strony http://chem.chem.rochester.edu/~chem421/zn.htm*
9. Połowiński S., Template polymerization, *ChemTec Publishing*, **1997**, 1-11
10. Hosoi K., Mori T., Mizutani T., Yamamoto T., Kitamura N., *Thin Solid Films*, **2003**, 438-439, 201-205
11. Jackowska K., Elektrochemia stosowana, *materiały do wykładu, Uniwersytet Warszawski*, **2010**
12. Vatsalari J., Geetha S., Trivedi D.C., Warrier P.C., *Journal of Power Sources*, **2006**, 158, 1484-1489
13. Kitani A., Kaya M., Sasabe K., *Journal of Electrochemical Society*, **1986**, 133, 1069-1073
14. Li N., Lee Y., Ong L.H., *Journal of Applied Electrochemistry*, **1992**, 22, 512-516
15. Gurunathan K., Amalnerkar D.P., Trivedi D.C., *Materials Letters*, **2003**, 57, 1642-1648
16. Taka T., *Synthetic Metals*, **1991**, 41-43, 1177-1180
17. Hakansson E., Amiet A., Nahavandi S., Kaynak A., *European Polymer Journal*, **2006**, 43, 205-213
18. Anand J., Palaniappan S., Sathyaanarayana D.N., *Progress in Polymer Science*, **1998**, 23, 993-1018
19. Mirmohseni A., Oladegaragoze A., *Synthetic Metals*, **2000**, 114, 105-108
20. Zarras P., Anderson N., Webber C., Irvin D.J., Irvin J.A., Guenthner A., Stender-Smith J.D., *Radiation Physics and Chemistry*, **2003**, 68, 387-394
21. Gerard M., Chaubey A., Malhotra B.D., *Biosensors and Bioelectronics*, **2002**, 17, 345-359

22. Dhawan S.K., Kurnar D., Ram M.K., Chandra S., Trivedi D.C., *Sensors and Actuators B*, **1997**, 40, 99-103
23. Jin G., Norrish J., Too C., Wallace G., *Current Applied Physics*, **2004**, 4, 366-369
24. Schottland P., Bouguettaya M., Chevrot C., *Synthetic Metals*, **1999**, 102, 1325
25. Kumar D., Sharma R.C., *European Polymer Journal*, **1998**, 34, 1053-1060
26. Bajpai V., *praca doktorska, University of Akron*, **2005**
27. Virji S., Huang J., Kaner B., Weiller B.H., *Nano Letters*, **2004**, 4 (3), 491-496
28. Sadek A.Z., Wlodarski W., Kalantar-Zadeh K., Baker C., Kaner R.B., *Sensors and Actuators A: Physical*, **2007**, 139 (1-2), 53-57
29. Mandal S.K., Dutta P., *Journal of Nanoscience and Nanotechnology*, **2004**, 4 (8), 972-975
30. Kisiel A., Mazur M., Kuśnieruk S., Kijewska K., Krysiński P., Michalska A., *Electrochemistry Communications*, **2010**, 12 (11), 1568-1571
31. Pan L., Qiu H., Dou C., Li Y., Pu L., Xu J., Shi Y., *International Journal of Molecular Sciences*, **2010**, 11, 2636-2657
32. Mao H., Li Y., Liu X., Zhang W., Wang C., Al-Deyab S.S., El-Newehy M., *Journal of Colloid and Interface Science*, **2011**, 356 (2), 757-762
33. Nan A., Turcu R., Bratu I., Leostean C., Chauvet O., Gautron E., Liebscher J., *ARKIVOC-Free Journal of Organic Chemistry*, **2010**, 185-198
34. Feng X., Huang H., Ye Q., Zhu J.J., Hou W., *The Journal of Physical Chemistry C*, **2007**,111 (24), 8463-8468
35. Ye S., Chen S., Wang H., Lu Y., *NSTI-Nanotech 2011*, **2011**, 1, 319-322
36. Joshi L., Prakash R., *Materials Letters*, **2011**, 65, 3016-3019
37. Kijewska K., Głowala P., Wiktorska K., Pisarek M., Stolarski J., Kępińska D., Gniadek M., Mazur M., *Polymer*, **2012**, 53(23), 5320-5329
38. Shiigi H., Kishimoto M., Yakabe H., Deore B., Nagaoka T., *Analytical Sciences*, **2002**, 18(1), 41-44
39. Schirmer R.E., Modern Methods of Pharmaceutical Analysis, *CRC Press*, **1982**, 1, 31-34
40. Schirmer R.E., Modern Methods of Pharmaceutical Analysis, *CRC Press*, **1982**, 1, 31-42
41. Zhao B., Wang Y., Guo H., Wang J., He Y., Jiao Z., Wu M., *Materials Science - - Poland*, **2007**, 25(4), 1143-1148
42. Toderaş M., Filip S., Ardelean I., *Journal of Optoelectronics and Advanced Materials*, **2006**, 8(3), 1121-1123

Printed by Books on Demand GmbH, Norderstedt / Germany